饲料贮藏技术

主 编

谭鹤群

编著者

谭鹤群 饶应昌
张建春 高星星

金盾出版社

内 容 提 要

本书内容包括:精饲料贮藏的一般原理、饲料贮藏设施、饲料贮藏常用机械设备、饲料贮藏技术、饲料原料及成品的贮藏、秸秆利用与处理概述、氨化秸秆处理与贮藏、秸秆生物处理与贮藏、青干草及其制品的贮藏等九章。本书内容丰富、通俗易懂,适合从事饲料加工、贮藏的工作人员、养殖专业户和农民朋友学习使用,也可供农业院校相关专业师生阅读参考。

图书在版编目(CIP)数据

饲料贮藏技术/谭鹤群主编 .—北京:金盾出版社,2009.6
ISBN 978-7-5082-5700-6

Ⅰ.饲… Ⅱ.谭… Ⅲ.饲料—贮藏 Ⅳ.S816.9

中国版本图书馆 CIP 数据核字(2009)第 051790 号

金盾出版社出版、总发行
北京太平路 5 号(地铁万寿路站往南)
邮政编码:100036 电话:68214039 83219215
传真:68276683 网址:www.jdcbs.cn
封面印刷:北京印刷一厂
彩页正文印刷:北京万博城印刷有限公司
装订:北京万博城印刷有限公司
各地新华书店经销
开本:850×1168 1/32 印张:8.5 字数:212 千字
2009 年 6 月第 1 版第 1 次印刷
印数:1~10 000 册 定价:15.00 元

前　言

我国饲料工业是一个新兴的基础工业。从20世纪80年代起步，用了不到30年的时间已发展成为世界第二大饲料生产国。到2005年，全国饲料产品产量达1.07亿吨，占世界总量的1/8。我国生产饲料原料约1.3亿吨，消耗玉米近1亿吨(其中一部分由农民饲养户直接饲喂了)。此外，打贮草料约1亿吨，生产出的饲料成品(精、粗饲料共2亿余吨)，特别是其原料都需要贮存很长的时间(有的甚至超过一年)。如何妥善安全地贮藏这样大宗的饲料原料及其成品，保证不生虫、不霉烂、不变质，是摆在诸多行业(农牧业、粮食部门、饲料工业等)部门面前的一个大问题。实践证明，由于对饲料原料及其产品本身性质和贮藏性能缺乏充分了解，加之贮藏设施的不完善，采取预防技术措施不当或不力而造成的饲料原料和饲料产品虫害、霉变、变质常有发生，这不仅会造成物质、经济损失，如果用这些变质饲料饲喂畜禽，甚至会危害人畜健康。据有关资料统计，虫害、霉变、鼠害和在饲喂过程损失的饲料占到总量的8%～15%，即使按8%计算，全国每年损失的饲料就高达1 500万吨。

饲料贮藏技术是阐述饲料贮藏原理、技术和措施的一门实用科学，它是一门涉及生理、生化、环境、气候、建筑、机械等多学科领域的科学。

本书编写过程中，遵循“先进、科学、适用与实效”原则，力求结构合理、系统、精练简明，编写语言通顺规范，深入浅出，图文并茂。本书适于饲料加工企业、饲料粮贮运企业、饲养专业户的技术人员和大中专院校师生阅读，也可以作为专业人员培训、进修班的教学参考书。

本书由谭鹤群主编，并编写第一章至第五章，饶应昌编写第

六、第七、第九章，张建春编写第八章，所有插图由高星星绘制。在编写过程中，得到诸多同志给予的大力支持和帮助，在此一并致谢。

由于我们水平所限，本书疏漏不妥之处在所难免，敬请读者批评指正！

编 著 者

2007 年 12 月

目　录

第一章　精饲料贮藏的一般原理

配合饲料原料及其成品（或半成品）只有安全贮藏，才能保证饲料生产、饲喂过程的优质高效。饲料成分在贮藏期间，由于贮料本身性质和质量、贮藏条件、管理水平等原因将造成多方面的损失，包括重量的损失、质量的降低、对饲养动物健康的危害损失以及经济的损失等。因此，采用最佳的贮藏条件和有效的贮藏技术，在保证配合饲料原料及其成品质量，尽可能地减少贮藏过程中饲料在数量和质量方面的损失具有重要意义。

影响固体物料贮藏的主要环境因子包括温度、湿度和环境气体成分等；影响液体物料贮藏的环境因子主要是温度、pH 值和催化剂。此外，如仓房不干净或建造质量低劣，而造成漏雨或鼠雀、虫害的发生也将加速贮料劣变。因此，对贮藏环境中的另外一些影响因子和不利因素，也必须加以控制或消除。

物料的贮藏，除了要防止营养成分损失外，还须防止彼此之间混杂引起的物料之间的交叉污染，特别是毒性原料及含药成品的堆放，必须严格分类存放和贮藏。此外，为了减少饲料营养成分的损失，确保饲料贮藏安全，必须制订好贮藏计划，使原料和成品能在最短的时间内用完和售完。

第一节　原料和成品贮藏品质的影响因素

一、饲料物理性质对饲料贮藏的影响

配合饲料原料及其成品，多种多样。其中，原料包括植物性原料、动物性原料、矿物性原料以及化学工业和生物工业的一些制

品;饲料成品包括配合饲料(粉料和颗粒料)、浓缩饲料及预混合饲料等。这些原料和成品在其贮藏过程中,其所含物质可能发生不同类型和不同程度的化学变化,伴随原料的有害生物(如真菌、害虫)也可能孳生、繁殖,甚至产生毒素。因此,在贮藏这些饲料时必须采取贮藏技术和措施,降低贮存料化学反应速度,抑制有害生物的孳生,方可确保饲料贮藏的安全。

影响饲料贮藏的物理性质主要是:饲料的散落性、自动分级性、容重、孔隙度、吸湿性、热物理性以及热湿交换性质等。当然,这些物理性质彼此是相关的,其对贮藏性的影响是一种综合作用的结果。这里将着重对影响原料及其成品贮藏性较大的一些物理性质分别加以阐述。

(一)散落性

饲料在自然形成料堆时,向四面流动成为一个圆锥体的性质称为饲料的散落性。物料的散落性通常用休止角(又称自然坡角)来表示。休止角是指饲料由高点落下,自然形成圆锥体的斜面与底面水平线之间的夹角。休止角与散落性成反比,即散落性好,休止角小;散落性差,则休止角大。饲料的颗粒大小、形状、表面光滑程度、容重、杂质含量、含水量以及料流下落高度都对饲料散落性有影响。

当配合粉料的含水量由9.8%提高至15.3%时,则其休止角由41°增至43°;同样,水分升高的颗粒料(直径6.8毫米,长度11毫米)的休止角由34.2°增至38°。这说明随着含水量的增大,饲料的散落性变差。饲料的散落性,即休止角随物流下落高度的增大而减小。例如,料流下落的高度由1.75米提高至3米,则配合粉料、颗粒料的休止角分别由40.6°降至33.3°和28.6°。

主要饲料原料和配合饲料(粉状、颗粒状)的休止角见表1-1。

表 1-1　主要饲料原料和配合饲料的休止角　(单位:度)

饲料种类	范　围	平　均	备　注
小　麦	23～38	30.5	
大　麦	28～45	36.5	
玉　米	30～40	35.0	
大　豆	24～32	28.0	
油菜籽	20～27	23.5	
鱼　粉	39.4～45.1(脱脂)	42.3	含水量为 9.8%～15.3%
肉骨粉	43.1～48.3(未脱脂)	45.7	
	39.2～44.4(脱脂)	41.8	
配合饲料粉料	38～43	40.5	含水量为 9.8%～15.3%
配合饲料颗粒料	33～38	35.5	

饲料散落性的另一量度是自流角。自流角是物料在不同材料斜面上,开始向下滑动的最小角度,即物料下滑的极限角度。它既与该物料的物理特性有关,也与斜面的材料有关。饲料的自流角是料堆的外摩擦角。例如,小麦在刨光木板、铁板上的相应自流角分别为 24°～27°和 24°～28°。自流角用来表示某种饲料在某种材料上的滑动性能。自流角愈大,滑动性能愈差;自流角愈小,滑动性能愈好。

饲料的散落性,是影响饲料贮藏和装卸输送机工作的因素之一。贮藏期间散落性的变化,在一定程度上反映了饲料贮藏的稳定性。安全贮藏的饲料总是具有很好的散落性。如果饲料结露、返潮、水分增大、真菌孳生,散落性就会降低。散落性的优劣还直接影响饲料入仓出仓的通畅性、对仓壁的侧压力以及输送机械的工作性能等。饲料的散落性对筒仓出入料可靠性的影响最为明显,散落性越好,饲料出仓越顺畅。

(二)自动分级

任何一批饲料原料，特别是配合饲料粉料，在其装卸输送过程中，自动分级造成的影响一直是人们关注的问题。原料在其入仓(特别是筒仓)后的自动分级而常使杂质集中，在杂质集中处易使饲料发热、生虫、霉变，增加了饲料贮藏的不安全因素；就配合粉料成品来说，由于自动分级造成各种组分分布不均，尤其是料堆中，微量元素、药物极易出现的极度集中，不仅会降低饲料的营养价值，而且还可能使畜禽致病，甚至引发中毒死亡事故，后果是十分严重的。

(三)孔 隙 度

孔隙度是由饲料颗粒本身结构与料堆中料粒间空隙构成的。在整个料堆中，料粒所占体积的百分比叫密度；空隙所占体积的百分比叫做孔隙度。表 1-2 中列出了几种常见饲料原料和成品的比重、容重和孔隙度。

表 1-2 几种常见饲料原料和成品的比重、容重和孔隙度

种 类	比 重	容 重 (千克/米³)	孔隙度 (%)	备 注
小 麦	1.22～1.35	687～781	35～45	
玉 米	1.11～1.25	675～807	35～55	
大 豆	1.14～1.23	658～762	38～43	
油菜籽	1.11～1.38	607～835	38～40	
面 粉(含三等粉)	1.30	594～605	40～60	
配合饲料粉料		543～616	55.6～58.6	含水量为
配合饲料颗粒料		599～658	50.7～54.9	10%～15%

饲料的孔隙度和密度，可根据饲料的容重和比重来推算：

$$密度=\frac{容重}{比重}\times 100\%$$

$$孔隙度=1-\frac{容重}{比重}\times 100\%=1-密度$$

饲料的密度和孔隙度在饲料贮藏上具有重要意义。空隙是活性物料正常生命活动的环境。空隙的存在，决定了料堆中气体交换的可能性。孔隙度大，料堆间空气容易流动，料堆内的湿热易于散发，饲料就耐贮藏；若孔隙度小，当料堆内某些部位湿热高时，气体交换不足，湿热郁积不易散，而引发霉变。所以，料堆中有一定的孔隙度，对保证饲料的安全贮藏是必要的。

利用料堆内部气体可交换的性质，创造条件（如密闭活性物呼吸放出二氧化碳）改变料堆内的气体成分，可改变料堆内害虫、真菌的生活环境，抑制虫、菌的活动，甚而致其死亡。气调贮藏就是利用此原理发展起来的贮藏技术之一。此外，自然通风和机械通风对料堆降湿降温、药剂熏蒸杀虫等都是利用料堆内空隙间气体的交换、渗透而得以实现的。

孔隙度大的料堆，气体易于交换，药剂就易渗透，通风、熏蒸杀虫抑菌效果就好；孔隙度小，其效果就差。但空隙大的料堆，饲料受气候环境条件的影响大，料堆的温湿度随外界环境变化快，所以夏季温度升高时，要注意监视料情的变化，以便及时采取措施降温降湿，确保饲料贮藏的安全。

(四)吸 湿 性

料粒对水汽的吸附与解吸的性能称为吸湿性，它是饲料吸附特性的一种具体表现。在贮藏期间，饲料的吸湿性直接影响饲料的水分变化，对贮藏稳定性影响极大，尤其在潮湿的气候条件下，对贮藏稳定性的影响更大。

由于水的蒸汽压作用，贮存料堆与周围介质之间，时刻进行着湿交换。当这种湿交换处于平衡状态时，贮存料堆的含水量，称为料堆在该状态下的平衡含水量。不同的空气状态条件下，原料和成品具有不同的平衡含水量（表 1-3）。据表可知，随着空气相对湿度增大，物料的平衡含水量随之增大；随着料温的提高，其平衡含水量相应有所降低（相对湿度相同时）。

表 1-3　配合饲料粉料成品（断奶仔猪饲料）在 10℃ 时和一些主要谷物原料在 10℃～25℃ 的平衡含水量

饲料名称	空气相对湿度（%）							
	20	30	40	50	60	70	80	90
配合饲料粉料成品	8.5	9.6	10.2	11.0	12.4	15.0	19.2	23.7
燕　麦	7.2	8.8	10.2	11.4	12.5	14.0	17.0	22.4
小　麦	8.3～7.6	9.65～9.0	10.9～10.3	12.0～11.7	13.2～12.8	14.6～14.2	16.4～15.9	20.5～19.7
玉　米	8.8～8.0	10.0～9.2	11.1～10.4	12.3～11.5	13.5～12.7	15.4～14.3	17.2～16.3	19.6～18.6
大　豆	7.2～6.4	8.7～8.0	9.9～9.0	11.3～10.5	11.4～11.8	14.8～14.0	17.3～16.3	20.2～19.4

此外，从表 1-3 还可看出，当空气相对湿度大于 70%时，配合饲料粉料成品的平衡含水量在 15%以上，这时微生物已有迅速孳生的可能，贮存料堆已处在安全贮藏的临界状态。

对于某些动物性原料，如鱼粉、肉骨粉以及其他动物性原料（未脱脂原料更是如此），由于含较多的水溶性蛋白质（例如，未脱脂的鱼粉的水溶性蛋白质含量约为 20%），同时食盐含量也很高，因而具有很高的吸湿性。当空气相对湿度为 80%～100%时，未脱脂鱼粉的平衡含水量可达 28.7%。肉骨粉具有类似情况。这种现象在气候潮湿的地区尤为严重。贮存饲料含水量的增加将带来一系列的不良后果，如有害生物孳生、生化过程加速、品质劣变等，因而必须采取相应的防潮技术和措施，确保饲料贮藏的安全。

(五)热物理性质和热湿交换性质

贮存料堆的热物理性质和热湿交换性质,主要通过热容量、导热系数、导温系数和热湿传导系数四个性质参数来表现,它们对饲料贮藏特性具有重要的影响。因为,料堆内不断进行着热湿交换的复杂过程,这一过程的主要形式是对流和传导,因而与上述四个性质参数密切相关。

1. 热容量　热容量是使单位质量物料升高单位温度所需的热量,又称为单位热容量或比热。湿物料的单位热容量,通常是以单位重量干物质的热容量与单位重量水的热容量的加权平均值来计算。谷物类原料干物质单位热容量约为 1 550 焦耳/千克·K(即 0.3～0.4 千卡/千克·℃),水的单位热容量为 4 190 焦耳/千克·K(即 1 千卡/千克·℃)。可见,随着含水量的增大,谷物类原料的单位热容量增大。

表 1-4 列举小麦及一些常用材料和介质的热物理性质参数。

表 1-4　小麦及一些常用材料和介质的热物理性质

物料名称	单位热容量(焦耳/千克·K)	导热系数(瓦/米·K)	导温系数 α($米^2$/秒)	备　注
小　麦	1758	0.14	1×10^{-7}	含水量为 10%
	2127	0.16	1×10^{-7}	含水量为 12%
饲料原料及成品料堆		0.13～0.20	$(1.7\sim1.9)\times10^{-7}$	—
空　气	1025	0.02	2×10^{-5}	—
水	4190	0.59	1.4×10^{-7}	—
木　材	2972	0.24	1.1×10^{-7}	—
铸　铁	545	58.5	1.4×10^{-4}	—

2. 导热系数　料堆,主要由料粒和空气组成,两者都是热的

不良导体，虽然料堆中空气的流动有助于热传导，但料堆内微气流运动缓慢。因而，整个料堆的导热性是很差的。例如，正常料堆，其温度总是落后于外界温度，深层料温变化总是落后于表面料温的变化，这就是料堆导热不良的具体体现。但随着料堆内的物料含水量和空气的含水量的增加，导热性会增强，因为水分具有良好的导热性。

料堆的导热性就是料堆传递热量 Q 的能力，通常用物料的导热系数 λ 的大小来衡量：

$$\lambda=\frac{QS}{FT(t_{上}-t_{下})}$$

式中，S——料层厚度；

F——导热面积；

T——导热时间；

$(t_{上}-t_{下})$——上、底温差。

料堆的导热系数是指 1 米厚的料层在上层和底层的温度相差 1℃时，在单位时间内通过 1 米^2 的料堆表面面积的热量。饲料原料、成品和料堆内的空气是热的不良导体，饲料原料及其成品料堆的导热系数为 0.13～0.20 瓦/米·K，要比金属类良导体的导热系数（例如铁、铜的导热系数分别为 44～68 瓦/米·K、300～390 瓦/米·K）小几百乃至上千倍。

料堆的不良导热性的有利作用是在合理保管时，低温进仓的饲料，即使在炎热季节，也能保持很长时间较低的料温，抑制和推迟虫霉的危害。近年开展的小麦热入冷贮方法，就充分利用了料堆这种导热不良的特性。料堆的不良导热性不利的一面是，当料堆局部因某种原因（如杂质集聚）发热时，局部热量不易散去，造成危害。

3. 导温系数 物料传热的同时，物料本身也会吸收部分热量而升温，为了准确地表达这种性质，采用综合系数——导温系数 α

(米^2/秒)来说明，它包括了物料的导热系数和热容量。物料加热或冷却的速度与导温系数成正比。

导温系数α、导热系数λ（瓦/米·K)、热容量C(焦耳/千克·K)三者的关系可用下式表示：

$$\alpha=\frac{\lambda}{C\gamma}（米^2/秒）$$

式中，γ——物料容重(千克/米^3)。

配合饲料原料及成品料堆的导温系数相当小，一般为(1.7～1.9)$\times10^{-7}$米^2/秒，因此它们具有大的热惯性。从安全贮藏的角度考虑，热惯性大的贮料，其有利的一面是利用它的热惯性大这一特性，可使料温较低的贮料在较长的贮藏期内，维持正常的料温，达到安全贮藏的目的；其不利的一面是一旦料堆内出现有利于微生物、害虫生命活动的条件，即使是只发生在某个局部，这时它所产生的热量，就难于散失而停留在料堆内，导致料温升高乃至霉变。由此可见，因为贮料的热惯性大，其贮藏结果存在两种截然不同的可能性，其中起主导作用的是对贮藏环境条件的控制。

4. 热湿传导系数　贮料料堆内不同部位之间，往往存在温差。热量流向较冷部位的同时，水分会呈蒸汽形式转移，即使是在含水量较低的贮料内，在热流的相同方向，也存在这种湿转移，贮料内因温差产生湿转移的能力，通常用相对值表示，称之为热湿传导系数，它的单位是%/℃。料堆内的温度差如果存在相当长的时间，由于水分从高温区至低温区的转移，会使低温区的含水量增大很多。有时，贮料管理不妥，起初局部发生的自热，进而迅速蔓延，会造成贮料变质。

贮料的热湿传导系数，与其含水量有关，当含水量为15%～17%时，热湿传导系数最大，谷物类原料的热湿传导系数可达0.14%/℃。但是，如果温度差存在的时间不长，则可认为热湿传导对贮料内部水分转移的影响并不大。配合饲料粉料和颗粒料成品的热湿传导系数，其数值与变化规律，类似于谷物类原料。

二、微生物与虫鼠活性对饲料贮藏的影响

(一)微生物活性对饲料贮藏的影响

微生物是自然环境的生物污染物，存在于所有的饲料中，当含水量大于20%时，微生物非常容易繁殖。在贮藏期间，外来真菌对饲料的再污染是不可忽视的，通常，真菌只有在空气相对湿度超过70%，物料含水量为15%～20%时才开始活动，其最大活性的温度范围为35℃～40℃。当温度超过25℃，空气相对湿度超过85%时危害最大。当物料含水量低于20%，空气相对湿度低于65%时，真菌不易生长。

对于动物性原料的贮藏来说，细菌的影响极大，尤其是像沙门氏菌属之类的致病污染物。

真菌可能造成的后果包括以下几个方面：饲料含水量增加并发热；发霉变质，食味(适口性)变坏；加速化学反应，导致维生素等活性组分损失而降低营养价值；产生毒性代谢物。

配合饲料中的微量元素、维生素及其他生物活性物质，会促进微生物的孳生、真菌的繁殖；尤其是各种维生素，会促使微生物迅速繁殖，使配合饲料结块、发霉和腐败。

在真菌孳生的同时，饲料温度和含水量也不断增高，可能超过18%，在这种含水量下，如果黄曲霉活动频繁，会使饲料完全腐败。这种情况多发生在料堆内部，不易发现。真菌危害最为严重的情况是其可能产生的毒性代谢产物。真菌中以黄曲霉的危害最大，因其产生的黄曲霉毒素毒性很强，是一种致癌代谢物。动物采食受这种毒素污染的饲料后，传入奶、肉、蛋中，对人们的健康构成严重危害。已知的易受黄曲霉污染的饲料有花生饼、棉籽饼粕、玉米、高粱等。

(二)虫、鼠对饲料贮藏的危害

在饲料(原料、成品)的贮藏过程中,若不注意防治虫鼠的危害,也会造成很大的损失。害虫的繁殖主要靠饲料营养成分,并以其粪便、结网、身体脱落的皮屑、怪味及传播携带微生物等多种途径污染饲料。对饲料贮藏危害较大的一些害虫有:象鼻虫、谷囊、谷斑皮囊、锯谷盗、黄粉虫、豆象、象蛾及蟑螂等。

鼠的危害也不能忽视,它不但食用饲料、污染饲料,还会损坏贮存设施(如包装袋、密封塑料薄膜等)。鼠害的预防首先从建筑设施做起,要做到坚固、严密;其次在贮料过程中采取现代的有效的防鼠灭鼠措施。

三、贮藏环境条件对饲料贮藏的影响

配合饲料原料和成品的贮藏环境条件,对其品质变化程度具有决定性的影响。前面已经提及,饲料(固体贮料)贮藏环境条件中的主要制约因素是温度、相对湿度和环境气体成分的组成。关于环境气体成分组成对贮藏的影响将在气调贮藏中讨论。下面主要阐述相对湿度和温度这两个饲料贮藏环境因素对饲料贮藏的影响。

(一)空气相对湿度

贮料的含水量与贮藏环境的相对湿度密切相关。在同样的相对湿度下,脂肪含量低的原料、成品的平衡含水量大于脂肪含量高的原料及成品的;而各种低脂肪原料和成品的平衡含水量差别较小。在一定的相对湿度条件下,平衡含水量随温度高低而变化,就低脂物料而言,温度每升高 10℃,其平衡含水量减少 0.6%～0.7%。

贮料环境的空气相对湿度,对于有害生物的活性有很大影响。当空气相对湿度小于 30%以及大于 95%时,害虫不会在饲料中孳生,而细菌只有在空气相对湿度超过 90%的条件下才会孳生。对于真菌，只有当空气相对湿度超过70%时才会生长。低脂的贮料在20℃～30℃的温度下贮藏时，有害生物的活性与贮料平衡含水量（即对应的空气相对湿度）之间的关系可总结如下：

①贮料含水量低于8%（空气相对湿度小于30%）时，有害生物没有很大的活性。

②贮料含水量为8%～14%（空气相对湿度为30%～70%）时，可能感染害虫，当空气相对湿度超过60%时，有可能感染螨类。

③贮料平衡含水量为14%～20%（空气相对湿度为70%～90%）时，害虫有可能感染，真菌有可能生长。

④贮料平衡含水量为20%～25%（空气相对湿度为90%～95%）时，害虫有可能感染，真菌有可能孳生，细菌有可能生长。

⑤贮料平衡含水量大于25%（空气相对湿度大于95%）时，细菌有可能生长。

由此可见，在贮藏过程中，要使贮料的平衡含水量保持在较低的水平，则其对应的空气相对湿度不应超过70%。对于脂肪含量低的贮料，规定其含水量控制在13%以下是合适的。对于配有维生素、氨基酸、微量元素盐类和酵母的配合饲料，与粮谷类原料相比，微生物更容易孳生。因此，在常温下，当空气相对湿度为60%时，营养丰富的配合饲料（特别是粉料）就可能孳生较多的真菌，因此配合饲料对贮藏环境条件的要求更为严格。

动物性原料因其脂肪含量较高，化学成分不一，而平衡含水量变化幅度很大（表1-5）。从表1-5可知，为了能将这类原料安全的贮藏，要将其贮藏环境的空气相对湿度控制在70%以下。

（二）温　度

温度对饲料营养价值的大小有着很大影响。因为温度会影响其化学反应速度和生物活性。

其一，饲料内的化学反应速度，与其所含酶的活性有关。温度以最有利于酶化作用的温度为界，酶的活性随温度升高而增强；达到或超过酶化作用最有利温度之后，酶的活性反因受到破坏而随温度的升高减弱。

表 1-5　鱼粉和肉骨粉的平衡含水量*

原料名称	原始含水量(%)	空气相对湿度(%)								
		20	30	40	50	60	70	80	90	100
鱼粉（含脂 8.3%)	8.6	5.5	6.7	7.4	8.3	9.9	12.3	15.5	22.7	35.6
鱼粉(含脂 17.9%)	7.7	4.8	5.4	6.2	7.5	10.0	14.4	19.0	35.0	47.7
肉骨粉(含脂 12%)	5.3	—	—	5.8	6.3	7.6	8.5	11.4	18.0	33.5
肉骨粉(含脂 19.4%)	4.3	—	—	4.8	4.9	6.6	7.0	9.6	17.1	28.8

*平衡含水量是在空气温度为 20℃的条件下测定的

温度对生物活性的影响也有类似情况，在温度未达到最有利于生物活性的温度之前，生物活性随温度的升高而增强；达到生物活性最有利温度之后，生物活性随温度的升高而减弱。真菌活动的最适温度为 35℃～40℃，而当温度超过 40℃时，害虫通常不能继续生存。

其二，在贮藏过程中，尤其是在贮料温度分布不均的情况下(如，料堆局部生物活动剧烈时，造成的局部料温升高)，有可能导致局部贮料生物繁殖、霉变；也可能在热气的对流作用下，使水分覆盖料面冷凝而结露，在结露严重的部位可能出现霉变。

第二节 精饲料原料及成品的安全贮藏期

贮料品质不发生劣变的贮藏期限称为安全贮藏期。在常规条件下贮料的安全贮藏期与其含水量、环境温度、环境湿度及贮藏设施等有关。因此，在一定的贮藏期及温度范围内，为确保贮料的安全贮藏，确定其相应的临界含水量。不同种类的贮料，由于它们化学组分不同、贮藏特性各异，它们的临界含水量各不相同，一些饲料原料及其成品的安全贮藏临界含水量见表 1-6。

表 1-6 饲料原料及成品的安全贮藏临界含水量 （%）

小麦、大麦、燕麦	玉米、粟	豆 类	胚芽粉	麸 皮	油饼粕
14.5～15.5	12.5～13.5	15～16	8～9	14～15	7～10
酵母粉	**鱼粉**	**肉骨粉**	**预混合饲料**	**浓缩饲料**	**配合饲料**
10～12	10	9～10	12	14～14.5	10～14.5

动物性原料在贮藏过程中，其脂肪成分的变化最大。脱脂鱼粉在贮藏期的粗脂肪含量、过氧化值（碘价）和酸价的变化参见表 1-7。

表 1-7 脱脂鱼粉在温度 20℃ 条件下贮藏时的粗脂肪含量、过氧化值和酸价变化

贮藏时间（天）	含水量（%）	粗脂肪含量损失（%）	过氧化值（碘价）增加量（%）	酸价增加量
30	8～14	5～12	1～27	11～22
60	8～14	7～19	45～91	24～66
120	8～14	16～30	141～273	74～175

从表 1-7 可以看出，常温的条件下，含水量为 8%～14%的脱

脂鱼粉安全贮藏期为30～60天。

至于肉骨粉，一般认为，在含水量不超过10%和温度不超过20℃的条件下，其安全贮藏期为45～60天。

维生素是一种活跃的有机化合物，大部分维生素对周围的物理和化学环境都非常敏感。在饲料贮藏期间，温度、强光照射和微量元素含量等因素都会影响维生素的稳定性。一般水溶性维生素比脂溶性维生素的稳定性好些。

常用维生素的稳定性介绍如下：

维生素A、维生素D_3：损失取决于贮存条件，极易被微量元素、高温和腐脂破坏，在潮湿环境中也易损失。

维生素B_1：在饲料中，每月损失1%～2%；易被氧化，对热和还原剂敏感；贮存时，最理想的pH值为3.5。

维生素B_2：在贮存得当的添加剂预混合饲料中，1年损失1%～2%；但还原剂、碱性环境会降低其稳定性。

维生素B_6：正常情况下，每月损失低于1%；对光、热和碱均较敏感。

维生素B_{12}：正常情况下，每月损失不到1%～2%；但在高剂量的氯化胆碱、还原剂和强酸的条件下损失加快；在配合饲料中较稳定。

维生素C：在室温条件下贮存4～8周，其损失达10%。对湿、光和微量元素敏感。制粒过程易产生损失。

维生素E：在45℃的温度下，在添加剂预混合饲料中可安全贮存3～4个月，在配合饲料中可安全贮存6个月。

维生素K_3：损失取决于贮存条件。在添加剂预混合饲料中，对潮湿、热、微量元素敏感，在配合饲料中较稳定，在制粒过程中会有些损失。

生物素、烟酸：在正常情况下，每月损失不到1%。

泛酸：正常情况下，每月损失在1%以内，在酸性条件下损失加快。

叶酸:在粉料中稳定。对光敏感。在 pH 值<5 时稳定性差。

维生素预混合饲料的安全贮藏期受诸多贮藏环境条件的影响较大。不同因素对维生素预混合饲料贮藏稳定性的影响如表 1-8。

表 1-8　维生素对不同环境的敏感性

维生素种类	水分	氧化	还原	微量元素	热	光	酸	中性	碱
维生素 A	S	S	R	S	MS	MS	S	R	R
维生素 D_3	S	S	R	S	MS	MS	S	R	R
维生素 B_1	R	MS	MS	MS	MS	R	R	MS	S
维生素 B_2	R	R	MS	R	R	MS	R	MS	S
维生素 B_6	R	R	R	MR	R	S	R	MS	S
维生素 B_{12}	R	MS	S	MS	MS	S	MS	R	MS
维生素 C	R	MS	R	VS	R	MS	R	R	S
维生素 E	R	R	R	MS	R	R	MS	R	S
维生素 K	VS	R	MS	VS	MS	S	MS	R	S
泛酸钙	S	R	R	R	MS	R	S	MS	R
叶　酸	R	MS	MS	S	MS	MS	S	R	MS
生物素	R	R	R	R	S	R	MS	R	R
胆　碱	VS	R	R	R	R	R	R	R	MS

注：　R=抗性(不敏感)　MS=中度敏感　S=敏感　VS=非常敏感

预混合饲料有的是由维生素、矿物微量元素、药物等单独制成的,也有的是两种以上原料在一起配成的,后者不利于贮藏保管,因为相互之间的化学反应会加速其失效和损失。例如,矿物质微量元素和胆碱对维生素的活性成分影响很大,见表 1-9 所示。

表 1-9　预混料中含有和不含有矿物质微量元素和胆碱时维生素贮藏的稳定性

维生素种类		维生素有效量(%)							每月损失量(%)
		0.5	1	2	3	4	5	6	
维生素 A	不含	99	99	98	97	96	95	94	1.0
	含有	95	85	80	74	68	63	58	8
维生素 D_3	不含	99	99	98	98	97	97	96	0.6
	含有	95	85	80	72	62	56	50	9.5
维生素 B_1	不含	99	99	99	98	98	97	97	0.5
(盐酸硫胺)	含有	86	70	58	53	45	35	27	17
维生素 B_2	不含	99	99	99	99	99	99	98	0.3
	含有	97	95	85	78	70	65	59	8.2
维生素 B_6	不含	99	99	99	98	98	98	98	0.4
	含有								
维生素 B_{12}	不含	100	100	100	100	99	99	99	0.2
	含有	95	92	83	76	67	62	56	8.8
维生素 C	不含	96	88	81	75	69	63	58	8.6
	含有	80	60	36	22	13	8	0	40
维生素 E	不含	80	64	36	21	13	7	0	35
(乙醇根)	含有	75	35	20	7	0	0	0	57
维生素 K	不含	96	88	81	75	69	63	58	8.6
(MSBC)	含有	80	64	36	21	13	7	0	38
泛酸钙	不含	99	99	99	99	98	98	98	0.3
	含有	97	95	86	79	70	65	58	8.4
叶　酸	不含	99	99	99	99	98	98	98	0.3
	含有	93	85	73	63	56	50	43	12.2
生物素	不含	99	99	99	99	98	98	98	0.3
	含有	96	93	84	77	68	63	57	—

从表 1-8、表 1-9 中可以看出：

①胆碱本身很稳定，但在预混合饲料中因其极易吸水，会使周围环境潮湿，造成高温高湿条件或高湿加微量元素而导致维生素被破坏。例如：预混合饲料中含有胆碱又有钙、镁微量元素，则饲料中的维生素 E、维生素 K 和维生素 C 损失会非常大；维生素 B_1（盐酸硫胺）在有胆碱和矿物质微量元素的饲料中将被快速分解。

②维生素预混合饲料如与矿物微量元素相混合，会造成维生素快速分解。例如：维生素 A 在有矿物质的预混合饲料中，比在无矿物质预混合饲料中更容易被分解，主要原因是矿物质中有氧化物质使之加速分解；饲料中含有微量元素（硫酸铜）和较多石灰石粉，极不利于维生素 E 的贮藏。

③高温高湿对一些维生素有不利影响。例如，含维生素 A 的预混合饲料在低温下经过 3 个月贮存仍有 88%有效性，而在高温高湿情况下仅存 2%的有效性；又如低温低湿下贮存 3 个月的维生素 B_2 和泛酸钙的有效性分别为其原来的 72%和 51%，而在高温高湿下贮存 2 个月分别仅为原来的 35%和 16%。

因此，为了长时间贮藏维生素和矿物质微量元素，应分别采用小包装，避免矿物质微量元素与维生素相接触，以减少维生素活性成分的损失，从而延长其有效使用期。维生素预混合饲料有效使用期一般为 1 个月，最长不超过 3 个月。

浓缩饲料的安全贮藏期，一般粉料成品为 2 个月，颗粒料成品为 3 个月。

配合饲料的安全贮藏期，可参见表 1-10。

表 1-10 配合饲料的安全贮藏期 (单位:天)

含水量(%)	贮藏温度(℃)					
	贮藏温度(℃)			贮藏温度(℃)		
	20	10	0	20	10	0
18	4	6	12	4	6	14
16	8	18	22	9	20	26
14.5	24	30	40	25	36	46
13	30	45	60	32	53	68
12	36	60	75	38	68	85

第二章　饲料贮藏设施

第一节　概　述

饲料贮藏设施主要是指贮藏各种饲料原料及其产品的专门建筑物——饲料仓库。随着我国饲料工业的发展，我国建设有1万多座饲料工厂，同时建设了与之相配的贮藏饲料原料和成品的仓房。我国粮食贮藏的历史悠久，其仓房建设经验是值得借鉴的。

一、饲料仓房的功能

在饲料行业中广泛使用的仓房的功能是对各种物料进行接收、贮存、卸出、倒仓等操作，起着平衡生产过程，保证生产连续进行，节省人力，提高机械化、自动化程度和工作效率，并有确保饲料长期安全贮藏的作用。

饲料仓房按其用途可分为原料仓房、中间（中转）仓房和成品仓房；按结构形式的不同可分为房式仓（包括平房仓、拱房仓、楼房仓等）、立筒仓（简称筒仓）。这两类仓房在饲料贮藏和生产工艺流程中得到了广泛应用。

二、饲料贮藏对仓库性能的要求

仓房的选用除考虑饲料种类、贮藏量（仓容）、贮藏期等因素外，在构造上还必须满足饲料安全贮藏和贮料工艺操作所需的条件。因此，饲料仓房必须具备下列性能：

（一）仓房必须坚固耐用

仓房除承受风载、雪载、地震荷载等作用外，还要承受很大的饲料压力作用，尤其要注意不同饲料品种、装料方式（散装、袋装）、装料高度及物料侧压力对仓（墙）壁的影响，以防仓（墙）体开裂，地坪凹陷。

（二）仓房必须具备防潮防漏的性能

饲料具有很强的吸湿性，地坪、仓壁和墙根最易返潮，屋面容易渗漏，从而引起饲料吸湿而增高水分，造成局部甚至全仓饲料发热霉变。因此，必须对仓墙、地坪和屋面进行防漏、防潮处理，使之达到安全贮藏饲料的要求。

（三）仓房必须具备隔热、保冷性能

仓房的外围护结构，特别是房式仓的屋面是外界热量渗入仓内的主要途径，增设屋面隔热层或加设吊顶，可以有效提高仓房的隔热效果，从而尽可能保持仓内饲料的低温状态，维持饲料的品质。

（四）仓房应具备既能密闭又能通风的性能

通风、密闭对饲料的安全贮藏十分重要。门窗开启，通过自然或强制通风可以促进料堆的气体交换，加强降温散热，防止贮料发热霉变。门窗密闭则可减少饲料与外界空气的接触，免除外温外湿的影响和害虫的感染，将仓房内料温、水分保持在稳定状态。使用化学药剂时，密闭还可增强杀虫效果。设置的通风系统若与环流管道结合，风道还可用作毒气扩散器，进行环流熏蒸杀虫。

（五）仓房应具备良好的气密性能

在采用气调贮藏或熏蒸杀虫时，要求仓房有足够的气密性，以保持仓内气体的有效浓度与配比。对于熏蒸杀虫，仓房气密性应能达到实仓时的压力半衰期（500～250 帕所需要的时间）要求：筒仓≥2 分钟，浅圆仓、平房仓≥1 分钟。

（六）仓房建筑应考虑进出料的机械化

仓房贮料数量多、体积大，要求在短时间内完成，要考虑仓房饲料进出、翻倒仓的机械化问题，这对饲料企业的原料仓、成品仓、各种用途的筒仓尤为重要。对于一般仓房,也要设置必要的固定式或移动式输送设备,以减少人工搬运,降低劳动强度。

(七)仓房应具有防鼠防雀的性能

仓房在贮藏期间应能防止鼠、雀对饲料的为害,为此地坪、仓墙、门窗必须牢固密实,不允许有漏洞。在建筑要求的开口处,必须设置防雀网及防鼠门板等。

第二节 房式仓

一、房式仓的类型与构造

房式仓可以分为平房仓、拱形仓、薄壳仓、楼房仓等。楼房仓为二层或二层以上的房式仓,一般采用钢筋混凝土框架结构,用于包装饲料的贮藏,它节约用地,便于利用机械,但造价较高,施工要求严格,可配合大中型饲料(或粮油)加工厂建设时采用,适合于城市土地缺乏的场合建造。我国大城市和沿海城市建有楼房仓。在房式仓中,以平房仓居多,其他拱形仓、薄壳仓只是屋顶与平房仓有所差异,其他结构与平房仓相同,下面将对平房仓作重点介绍。

饲料工业发展初期建设的房式仓,以砖墙承重,以混凝土地面和卷材防潮,跨度 15～21 米,装料高度有 3.5 米的、4.5～5 米的和 6 米的,廒间仓容 2 000～5 800 吨,屋盖结构有钢筋混凝土屋架、钢筋混凝土门式刚架(图 2-1)、预应力钢筋混凝土拱板顶(图2-2)等,还有个别地区建造了混凝土"V"型拱板屋顶房仓。

除上述的房式仓结构外,还有一种预应力混凝土折线型屋架房式仓。这种仓应用全钢结构门式刚架及钢筋混凝土柱与 H 钢梁、组合门式刚架的结构形式,屋面采用双层彩板,这对传统的房式仓结构有所突破。墙体采用混凝土板或砖砌体,防潮采用卷材、涂料或刚性防潮,跨度 21～30 米(以 18 米、20 米为主),装料高度

4.5 米、5 米、6 米，廒间最大容量高达 7 500～9 000 吨。预应力混凝土折线型屋架房式仓见图 2-3。

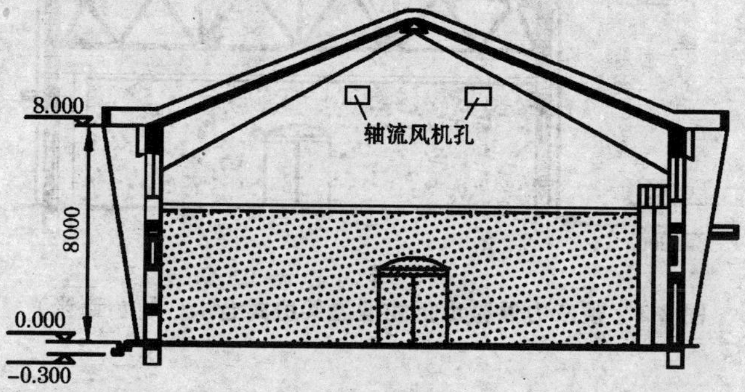

图 2-1　钢筋混凝土门式刚架仓　（单位：毫米）

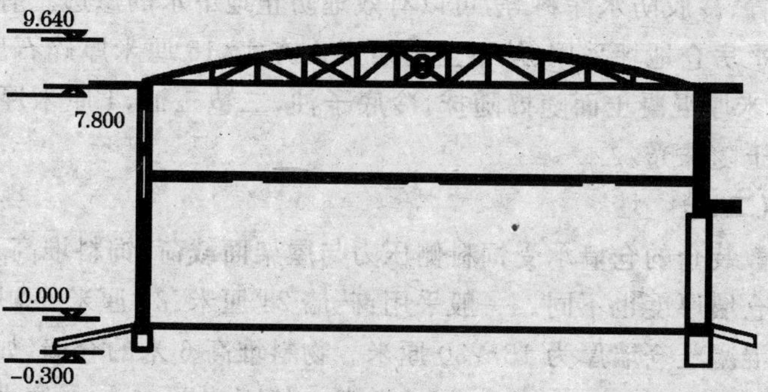

图 2-2　预应力混凝土拱板仓　（单位：毫米）

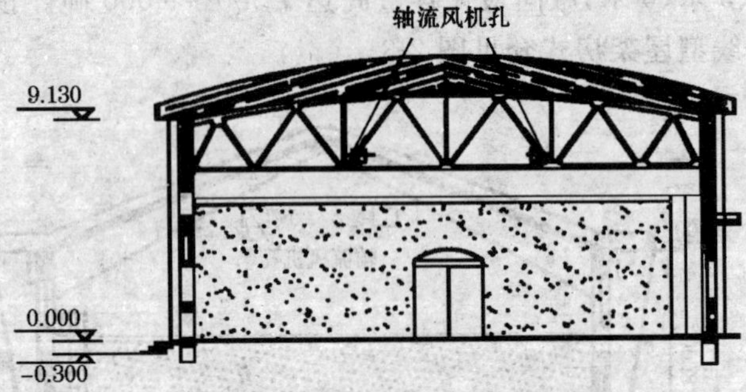

图 2-3　预应力混凝土折线型屋架房式仓　（单位：毫米）

房式仓的结构特点：

(一)地　坪

多采用混凝土地坪，防潮层为二毡三油，即 2 层玻璃丝布加 3 层沥青、冷胶防水涂料等，可以有效地防止地下水的渗透。有些地区的平房仓地坪采用(从下至上)：素土夯实，15 厘米厚碎石压实，10 厘米厚混凝土面随捣随抹，冷底子油，二毡三油，4 厘米厚细石混凝土随抹光。

(二)仓　墙

散装仓的仓墙承受饲料侧压力与屋架面载荷，饲料堆高不同，则其仓墙厚度也不同。一般采用：砖墙 24 厘米、37 厘米、49 厘米；钢筋混凝土仓墙厚为 15～30 厘米。物料堆高 6 米的仓墙，如果是砖墙，厚度为 49～62 厘米，钢筋混凝土的厚度为 25～30 厘米。

对于仓墙的内外壁面，尤其是内壁面，要涂抹灰浆以改善仓壁表面平滑度和防止潜藏仓虫。为加强仓壁的抗渗、防潮性能，可在仓壁上采用二毡二油、玻璃丝布加乳化沥青、防水砂浆、柔性防水材料等防潮措施。如目前内墙堆料线以下防潮层由里朝外通常的做法是：1.5 厘米 1∶3 水泥砂浆打底，贴一毡二油防潮层，做冷胶涂料，同时焊粗砂；1.5 厘米 1：2 水泥砂浆抹平，刮腻子，刷白色 106 内墙涂料二道。

（三）屋　面

现在多数采用钢筋混凝土预制板，用水泥膨胀珍珠岩、聚苯乙烯泡沫塑料、玻璃丝棉等作隔热材料。外做防潮层，如三毡四油防水。

屋面没有隔热层的旧式平房仓，需要进行改造，方法是增设吊顶棚，如“聚苯乙烯泡沫塑料吊顶”及“双笆顶棚”等，以满足安全贮藏需要。

（四）地槽风道

地槽风道可采用自防水混凝土，外设防水层或二毡三油防水，确保地槽的防潮要求。

二、房式仓的贮藏性能

房式仓中的平房仓应用最为普遍，其贮藏性能如下：

（一）有效面积和仓容大，运用方便

跨度 20 米以上的大型平房仓，堆料高 4～6 米，有较大的有效面积和负载仓容，可以散装，也可以包装，便于清扫、翻倒料堆。

（二）适合于使用仓库机械设备

由于仓库面积和仓顶空间大，仓内不设隔墙，前、后檐墙有较多而宽大的门，饲料的装卸均可采用移动式机械设备来完成。房式仓进出料的机械操作流程见图 2-4。

（三）适应多品种饲料的贮存

利用移动式隔仓板，可以根据实际情况，随时隔成大小间，以适应多品种饲料贮存的需要，可避免不同物料的混杂和污染。

（四）防潮性能强

地坪使用沥青砂浆或沥青混凝土铺建，仓墙又进行防潮处理，提高了仓房防潮抗渗的能力。

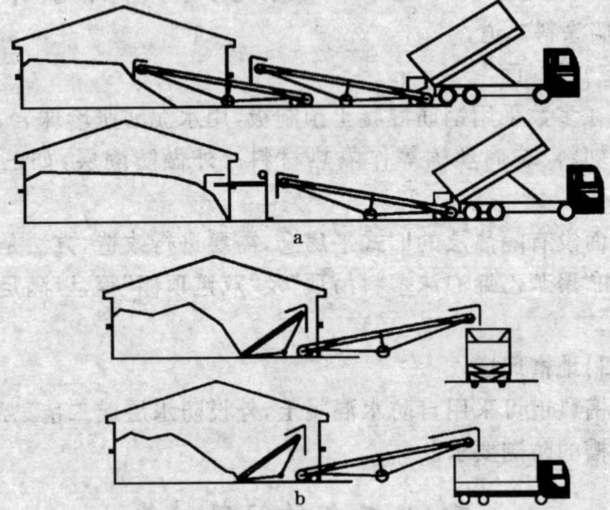

图 2-4　房式仓饲料进出仓流程

a. 饲料进仓流程　b. 饲料出仓流程

(五)通风性能佳

在干燥和寒冷的季节里，最好的方法是通过仓库门窗的自然通风来降低饲料内部的温度，通常房式仓的门窗面积大(门的面积常为地面面积的 5.9%、窗的面积为地面面积的 4%～6%)，门的数量多，既便于输送机械的进出，又可作通风的通道。仓库门窗大，又是对开的，故通风性能好。当气温上升时，门窗应是密封的，以减少仓外湿热对贮料的影响。

(六)房式仓隔热性能和密闭性能差

房式仓的仓顶和侧墙的受热面积较筒仓的大，许多过去建设的房式仓的房顶和侧墙未采取隔热、密闭措施，在高温季节容易出现仓温过高现象，南方地区的大型房式仓，在夏季仓内屋面下的温度高出仓外2℃～4℃，最多可达6℃，料堆上方1米处的仓温可达40℃～41℃。因此对隔热差的旧房式仓应采取隔热措施。常用的经验做法有：

①利用隔热材料填充挂瓦条之间以增加热阻减少传热，隔热材料可采用沥青砻糠、石灰木屑或黏土稻壳。

②在屋顶下加设顶棚（即天花板），一些地区采用苇箔平顶后，比没有设顶棚的仓温降低3℃～4℃，具有较好的隔热效果。更好的办法是采用双笆顶棚和泡沫塑料吊顶等。

新建的平房仓对屋面采取了隔热措施，如在屋面的钢筋混凝土预制板上增设8～10厘米的水泥珍珠岩保温层，然后再外做防潮层，可大大减少屋面的传热量，具有较好的隔热性能。

房式仓门窗多，屋顶气密程度不够，熏蒸时毒气容易渗漏散失，气调时容易泄漏，达不到熏蒸和气调效果。因此，必须对房式仓进行气密改造或对料面进行"面封"，以提高仓房的气密程度。

三、房式仓饲料堆装

饲料入库时，应根据仓房类型和性能、饲料品种、质量、存放时间长短以及季节等进行合理堆放，以确保饲料安全，达到充分利用仓容，节约仓贮费用的目的。

饲料堆放时，应将新料、旧料、干料、湿料、有虫料、无虫料及含杂质、含水量不同的料分开存放。存放的形式有多种，可根据具体情况，采取合理堆型。下面只介绍仓内饲料堆形式。

（一）仓内散装

1. 全仓散装 仓房结构牢固，仓墙不返潮，贮藏物为数量大、干燥、质量好又属长期贮藏的多采用全仓散装。

全仓散装不使用包装器材，可充分利用仓容，节省麻袋，便于扦样的检查，但全仓散装必须注意仓房建筑的牢固程度，对包装仓房和墙壁单薄的民房仓，则不宜采用。

新建的房式散装仓，一般墙壁都有防潮层和装料堆高线，靠墙处堆料高度一般为 4～6 米，堆料不应超过防潮层高度和堆高线。堆料线较低的仓房，当物料堆高达到堆高线以后，料面可以不同的坡度逐步加高，使料堆中央平面增高。

2. 围包散装 围包散装是用装料的麻包、编织袋、草包砌成围墙后，把物料散放在其中的一种堆放形式。它适用于仓墙结构较单薄或无防潮层的仓房。这种方法的缺点是需积压一部分包装材料，操作要求较高，若操作不当，有时会倒桩，造成事故；优点是可以完全避免因物料侧压力而发生仓墙倾斜或崩裂，避免物料受墙壁渗水返潮等影响。

现将常用的围包散装的堆法介绍如下：

(1)包围一直包宽(图 2-5) 每层以一直包二横包的半非字形连接，层与层应注意盘头和骑缝，加强包围的牢固程度。

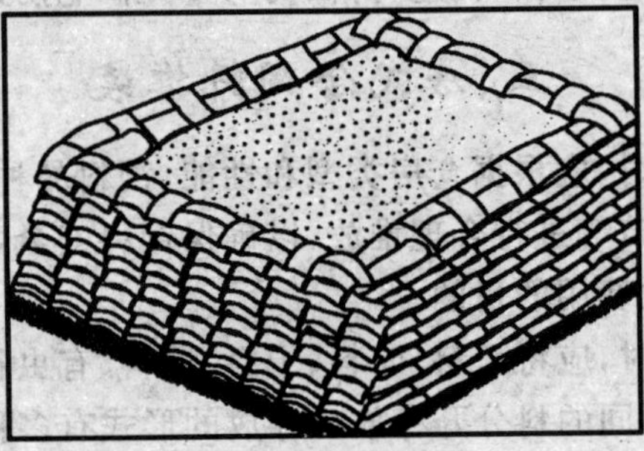

图 2-5 围包散装

(2)包围一包半宽 一般由下而上，第一至第五层(或到第六层)采用一包半宽度(即一横一直的半非形)，往上厚度根据物料品种而定，如小麦等自第六包往上应全用直包，因侧压减弱。围墙料包要层层骑缝，包包靠紧，逐层收进，形成梯形，以加固包围强度，据经验一般以每层收进 30～35 毫米为宜，以 12 包高为例，上口约收进 400 毫米。

3. 隔仓板散装(图 2-6)　隔仓板常用于大型仓房内，将仓房分隔成几个廒间，物料可以分类保管。这种堆放法适应于分品种保管，对于批次不同、质量不一的饲料可分开贮存，用隔仓板隔成对门过道，以利于通风。

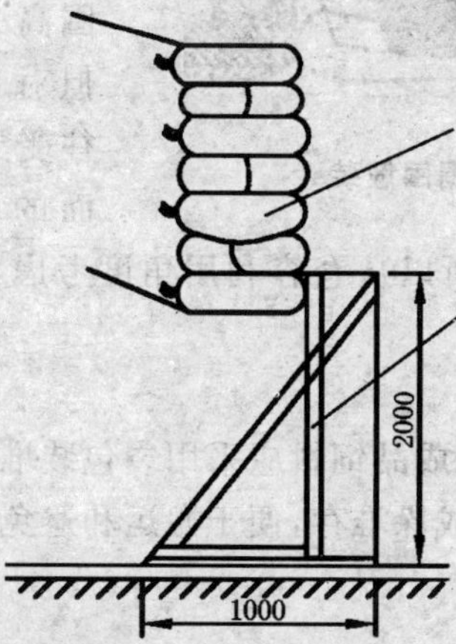

图 2-6　隔仓板散装　(单位：毫米)

1. 堆仓　2. 隔仓板

隔仓板是由垂直的木(竹)柱和横卧的枕木(竹)用木头或铁制拉杆连接成为一个刚体三角形，然后在这三角形的垂直面和水平面上用 5 厘米厚的木板(或竹板)铺成，当物料倒入隔仓板后，由于物料作用在水平板面上的重量，防止垂直板的倒塌，而使垂直面构成挡墙的作用。隔仓板的高度为 2 米，长度均为 1.5 米。

4. 围囤散装(图 2-7)　品种较多而数量少的饲料原料，均可围囤散装。目前，真空充气氮或其他缺氧贮藏，需要密闭程度较高，也可采用仓内坐围的方法，再用塑料薄膜密闭囤身。

图 2-7　围囤散装

采用围囤堆存，对仓房面积的利用往往不高，囤身愈矮，囤与囤之间的空隙所占比例越大，仓容利用率就越低，而房式仓主要是用提高囤高来扩大堆存量的。但对于楼式仓，囤高往往受天花板的高度与楼面的单位面积载重量（千克/米^2）的限制，所以从仓容利用角度考虑，在楼式仓中，围囤堆存一般不宜采用。

(二)仓内包装

短期存放原料和成品饲料应采用袋包装堆垛，即用麻袋、布袋或编织袋装料，然后成垛堆存，便于搬运和避免尘杂污染。仓内包装料堆有两种形式：

1. 实　垛

(1)麻袋包(粒料)实垛　实垛也称为平垛，堆垛长度随仓房情况而定，宽度一般为 4 列(列是以料包的长为准)，也可堆成 2 列、6 列、8 列等。高度视料的种类而定，大豆、小麦等散落性较大的物料，要适当减低(可低于 18 包)，以防倒垛。实垛的牢固性在于“盘头”(“盘头”是指料堆两头上、下层的料包互相盘压)和“拍包”(“拍包”是指上下层料包，相互骑口)。通过盘头和拍包，可使整个料堆的料包互相牵拉，形成一个牢固的整体。

(2)粉料包实垛　粉料五包垛、三包垛也属于实垛(图 2-8)。五包垛的堆法是：先放一横包，然后在横包的一边放 2 行纵包，每行为 2 包，这是第一层，第二层的堆法与此相反，交替堆上去，至所需高度为止。

以上实垛的特点为料包挤靠甚紧，包间孔隙小，受外界空气影响较弱，一般适用于长期保存干燥的饲料。在低温季节，对含水量稍大的饲料原料（含水量在16%以下的原粮），亦可短期采用。

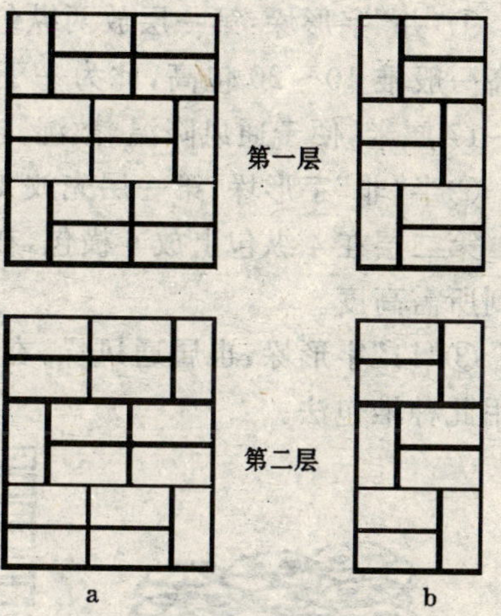

图 2-8 包装实垛

a. 五包垛 b. 三包垛

2. 通 风 垛

（1）麻袋粒料包通风垛 通风垛也叫风凉垛，主要用于秋冬季节贮存含较高含水量的物料。通风垛可增大料堆孔隙，便于降温散湿，又便于逐包查温查质。

通风垛的形式很多，以“工”字桩与“金钱”桩最普遍（图 2-9）。工字桩因为形如“工”字而得名，操作较简单，但料包的重量都是垂直向下，包心所受的压力特别大。金钱桩因为形如“制钱”而得名，操作较复杂，但料包重量分散，所以通风效果较工字桩好。

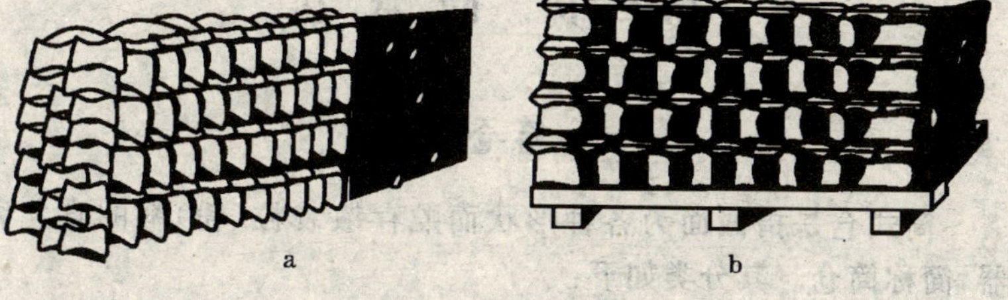

图 2-9 麻袋粒料仓通风桩

a.“工”字桩 b.“金钱”桩

(2)粉料包通风垛(图 2-10)

①“井”字形垛：第一层放两纵包，第二层放两横包，依次交替，堆高一般堆 10～20 包高，此为一丁，3～5 个丁为一垛，垛间距离 10～17 厘米，便于通风降温、散湿。

②半“非”字形垛：第一层先放 4 纵包，在 4 纵包的一边放 6 横包。第二层在 4 纵包上放 6 横包，在 6 横包上放 4 纵包，依次交替堆到所需高度。

③“口”字形垛：也属通风垛，在含水量、温度较高的玉米面包采用此种堆包法。

a　　b　　c

图 2-10　粉料包通风垛

a.“井”字形　b. 半“非”字形　c.“口”字形

第三节　筒式仓

一、筒仓分类

筒式仓是指截面为各种形状而贮存散装粒(粉)料的直立容器，简称筒仓。其分类如下：

(一)按筒仓断面形状分

可分为圆形仓、矩形仓(含方形仓)和多边形仓(图 2-11)。其中以圆形仓居多，它的强度好，容积利用率高；矩形仓或方形仓的特点是可以联壁，节约材料，可充分利用空间，多用于饲料工厂加工流程的中间仓如待粉碎仓、配料仓等。多边形仓(六边、八边)也可联壁，但结构较复杂，应用较少。

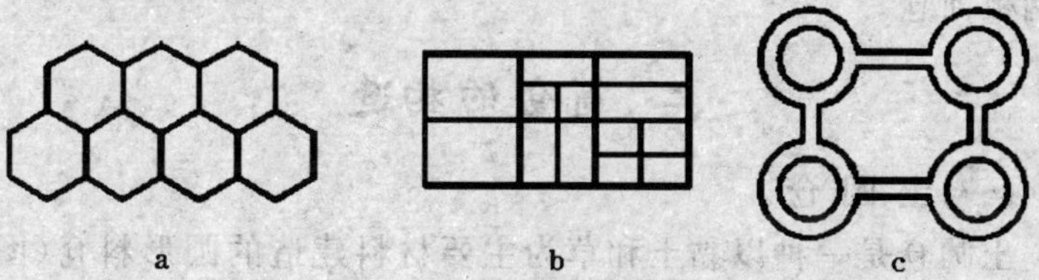

图 2-11　筒仓组断面的形式

a. 六角形壁　b. 矩形联壁仓组　c. 星形圆仓组

(二)按筒仓深径比分

按筒仓贮料计算高度 h(不计漏斗的深度，见图 2-12)与筒仓直径 d 或宽度 b 之比，可分为深仓和浅仓。比值 h∶d (或 b)＞1.5 的为深仓，h∶d (或 b)＜1.5 的为浅仓。

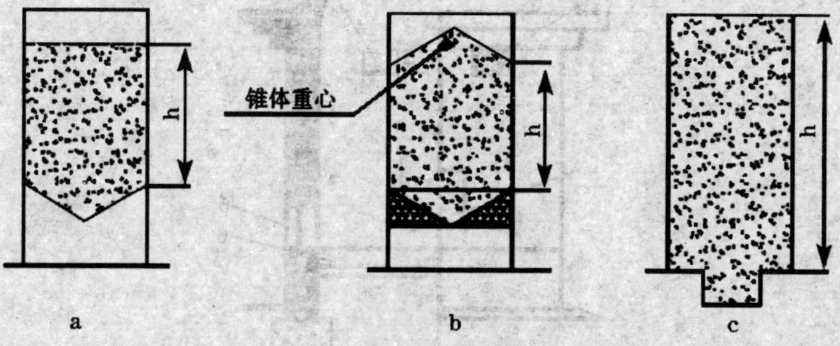

图 2-12　贮料计算高度的确定

(三)按筒仓的结构材料分

按结构材料可分为木筒仓、土圆仓、钢筋混凝土筒仓、砖混筒仓、钢板筒仓等。木筒仓是一种古老的结构形式,现已被淘汰。土圆仓在北方有的地方还在采用,而采用最多的是钢筋混凝土筒仓和钢板筒仓。

二、筒仓的构造

(一)土 圆 仓

土圆仓是一种以黏土和草为主要材料建造的圆形料仓(图 2-13),特别适合在北方雨水较少地区的基层收购点使用。土圆仓具有结构简单,施工方便,取材容易,造价低廉,贮藏性能较好等优点,但隔热性能较差,物料进出仓不太方便。土圆仓一般高 3～4 米,小型、中型、大型的直径分别为 3～4 米、5～6 米、8～9 米,容量相应为 15 吨、50 吨、100 吨。现在此类仓型已逐渐被淘汰了。

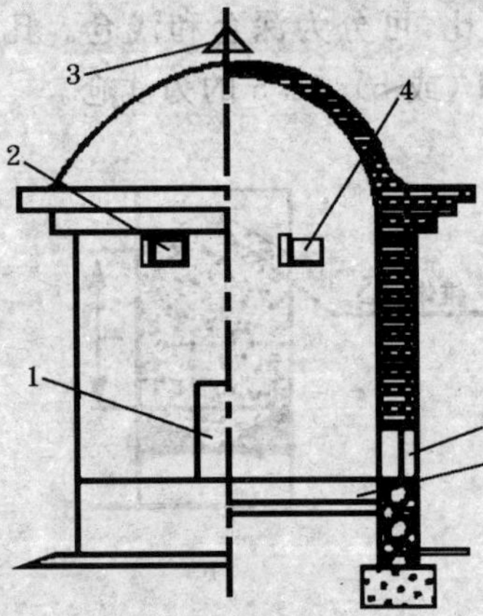

图 2-13 土圆仓的结构

1. 仓门 2. 进料口 3. 通风帽 4. 通风窗 5. 出料口 6. 仓内地平

(二)砖筒仓

它的筒体用黏土砖砌成，为了增加强度，每隔 1.2～1.5 米设置一道钢筋混凝土圈梁，仓顶一般用预制板或现浇水泥板。砖筒仓高度一般不超过 20 米，内径不超过 8 米。砖筒仓的特点是就地取材，施工简单，不需要复杂机具，因而造价较低。砖筒壁厚度一般为 24～50 厘米，较混凝土筒壁厚得多，其保温隔热性能比混凝土筒仓好得多。因此，砖筒仓的贮料条件远比混凝土筒仓优越，使用经验表明，砖筒仓可较长时间地贮藏饲料。但由于黏土砖的生产受到农田保护政策的限制，这种筒仓也将逐渐减少。

(三)钢筋混凝土筒仓

钢筋混凝土筒仓是近代发展较快、应用较多的一种结构形式。它具有占地面积小，仓容量大，机械化程度高，贮藏性能较好，保管费用低，筒仓耐久性与抗震性好等特点，是较现代化的仓型，但这种筒仓施工周期长、造价高。钢筋混凝土筒仓的建造技术分为现浇、滑模整体浇筑或预制构件装配三种。

目前，我国建造的饲料筒仓直径为 6～12 米，装料高度 15～30 米，筒壁厚度约为 20 厘米。筒仓底层结构有架空式(即锥形料斗)和落地式(平底)两种，我国大都采用架空式。架空式底层结构四周宽畅，布置输送机方便，仓内物料自流仓外可不需配备出料机，采光和自然通风条件好。架空式底部形式一般为漏斗形，它的具体结构形式对出料是否通畅、物料能否全出有着极大影响。

立筒库通常由筒仓群和工作塔组成(图 2-14)。工作塔一般为多层钢筋混凝土建筑，配置相应的机械设备，完成筒仓群的物料接收、称重、清理、除尘和发放等操作。钢筋混凝土结构的工作塔具有耐久、防火和便于机械化施工等特点，被广泛采用。筒仓群一般采用行列式排列，通常行数取 2～4，列数取 4～8。

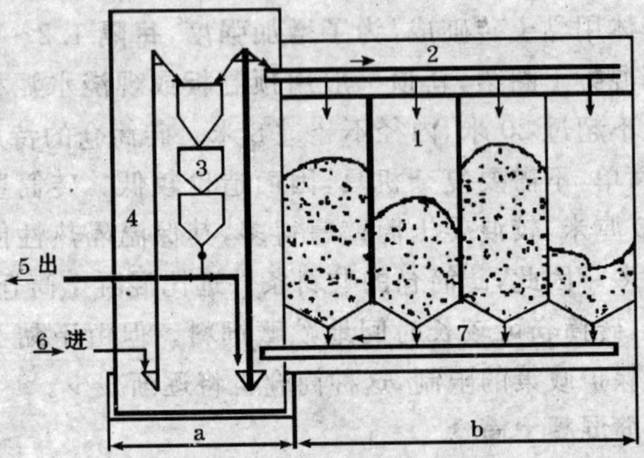

图 2-14　筒仓饲料进出仓流程

a. 工作塔　b. 筒仓群

1. 筒体　2. 仓顶输送机　3. 称重设备

4. 提升机　5. 出料方向　6. 进料方向　7. 仓底输送机

(四)钢板筒仓

钢板筒仓由镀锌薄钢板或波形钢板制成(图 2-15),它具有自重轻,对基础要求低,造价较低,标准化程度高,施工期短,便于实现机械化与工厂化生产等特点,但隔热和抗震性能较差。使用钢板筒仓贮料时,物料质量要好,含水量要低,要特别注意筒仓内外温差引起结露和夏季南方地区过高的仓温和料温。我国在 20 世纪 80 年代后开始大量建造这种仓型。钢板筒仓的直径一般大于钢筋混凝土筒仓,筒仓壁厚 3～4 毫米。按筒仓结构和施工方法可分为焊接式、装配式和螺旋卷边式三种。

(五)浅 圆 仓

浅圆仓的特点是贮存量大、造价低、施工期短,进、出物料易于实现机械化。浅圆仓直径较大,一般为 25～30 米,仓壁为钢筋混凝土结构,厚度为 27 厘米,檐高 15 米,装料 6 000～9 000 吨。浅圆仓采用钢筋混凝土条形基础，仓顶为整体装配式钢筋锥面薄壳，坡度为 30°，也可采用现浇薄壳结构和其他保温材料。浅圆仓也可采用镀锌钢板结构。

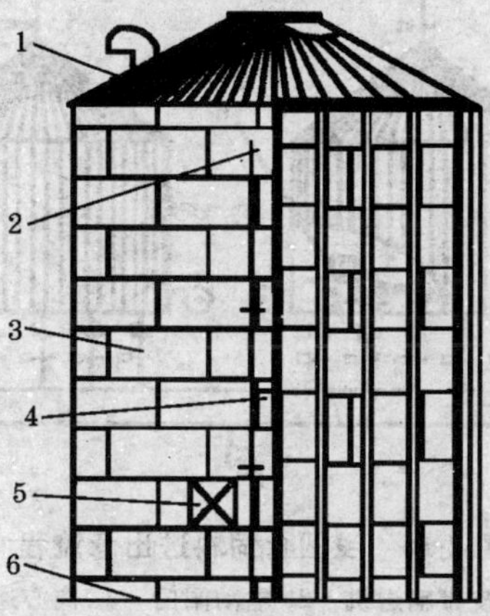

图 2-15　带立筋的装配钢板筒仓

1. 钢板筒仓顶盖　2. 料位器　3. 钢板筒体
4. Z 形立筋　5. 人仓门　6. 防水板

浅圆仓设双层仓门，外门为密闭防护门，内门为可多层开启的钢结构弧形挡料门，挡料门可根据仓内物料面高度分层开启和关闭。

浅圆仓仓顶中心设一进料口，通过仓顶输送机向仓内进料。仓底设置一条输送通廊，沿通廊方向在浅圆仓地坪上开设 5 个卸料口。卸料时，打开卸料口，物料自流由通廊中输送机完成饲料出仓作业。仓内剩余饲料的清仓作业由装载机或清仓绞龙完成。浅圆仓的进出料的工艺流程见图 2-16。

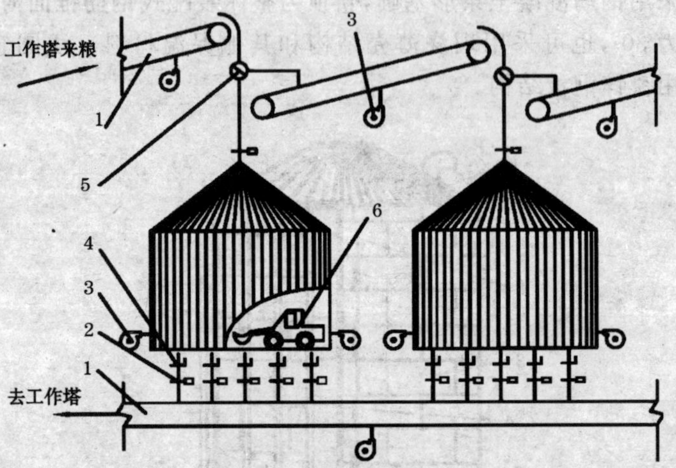

图 2-16　浅圆仓饲料进出仓流程

1. 气垫皮带输送机　2. 电动闸门　3. 离心通风机
4. 手动闸门　5. 三通阀　6. 铲车

三、筒仓出料的通畅性

(一)筒仓的料斗结构

前面已提及饲料筒仓多采用架空式，架空式筒仓由圆筒仓体(上部)和料斗(下部，又称斗仓)构成。仓体的结构(横断面)前面已述，这里主要阐述料斗的结构。料斗结构与筒仓出料的通畅性有关，若筒仓出料发生结拱(俗称搭桥)、阻塞、抽心(仅部分出料)，使料斗出料时在中间停止、或不能全出(仓壁挂料)、甚至完全不出料，将影响饲料工厂和贮藏仓库的正常工作。此外，留在仓内(挂料)的残留物料随着时间的延长会霉烂变质。

影响筒仓物料通畅性的因素很多，如物料性质(品种、粒度等)、筒仓结构，其中以料斗结构(形状、倾角、开口大小等)的影响最为显著。

粉料在筒仓内的重力流动有漏斗流和整体流两种(图 2-17)。漏斗流中央部位的粉料直流排出,接着仓内上部粉料呈崩环状态排出,而靠漏斗壁的粉料残留在仓壁不能排出,日久霉烂变质。因此,漏斗流不适合粉料的排料要求。

整体流的物料排出状态是筒仓中所有的物料都在运动,而且在沿着料斗壁的物料也是流动着的。为此,料斗壁必须陡峭(倾角大)而光滑,粉料才能像液面一样均匀下降排出,不残留粉料。整体流可满足粉料的连续排料要求。筒仓料斗结构设计的目的就是要使筒仓内物料能实现整体流。

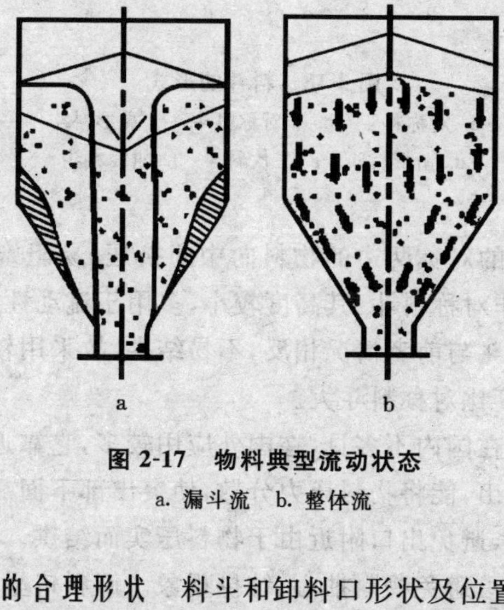

图 2-17　物料典型流动状态

a. 漏斗流　b. 整体流

1. 料斗的合理形状　料斗和卸料口形状及位置的合理确定,对防止结拱、促使造成整体流具有决定性的作用。因为料斗的形状和卸料口位置、形状和大小,决定着物料通过料斗的能力,而物料的物理性质也制约着料斗的结构、形状与尺寸。

料斗的卸料口位置可处于中心、边角和侧边,后二者由于存在不对称性，成拱的可能性就较小。料斗从上到下的截面形状变化有大圆至小圆、大矩形至小矩形、圆形至矩形，或矩形至圆形几种。下部开口（卸料口）要与后续设备的接料口配合起来，便于卸料而不结拱。

为了获得通畅的整体流，避免结拱，有各种形式的料斗可供选用（图 2-18）。

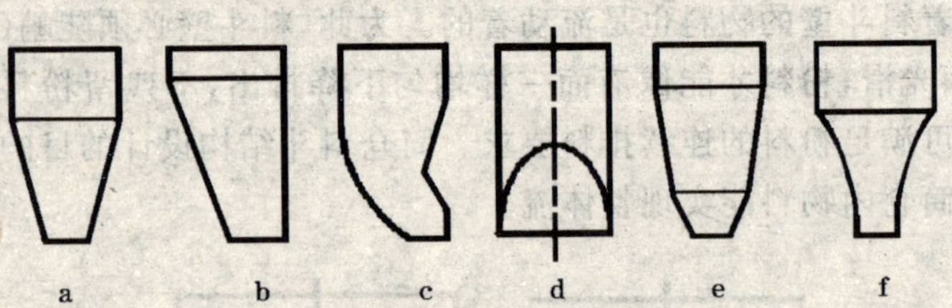

图 2-18 料斗的形式

a. 对称料斗 b. 非对称料斗 c. 鼻形料斗
d. 凿形料斗 e. 二次料斗 f. 曲线料斗

对称料斗的对称两边的物料向中间挤压，易阻塞结拱。但易制作，相对于非对称料斗，其高度较小，多用于流动性好的物料。

非对称料斗与前者情况相反，不易结拱，故采用较多。但同样倾角，料斗高度比对称料斗大。

鼻形料斗在国内不多见，在国外应用较多，它靠近卸料口一侧的仓壁向内突出，能将物料压力分散，使突出部下面靠近出口的物料呈松散状态，避免出口附近由于物料压实而结拱。

凿形料斗可避免物料抽心、结拱现象。卸料口呈长矩形，矩形的长边与筒仓直径相等，因此需要在卸料口全长采用卸料器，从而限制了这种料斗的应用。

二次料斗又称二次扩大料斗。原理是在卸料口上方附近最易成拱处突然将其断面扩大，使此处物料压力减小而呈松散状态，从而避免结拱。这种料斗在日本、德国、瑞士等国应用较多，在国内的应用也在逐年增加。

曲线形料斗在我国使用情况良好，普遍认为曲线形料斗是防止结拱的一种有效的方法。所谓曲线形料斗，是将料斗壁设计成曲线形状，从而达到使物料向下流动的力在任何截面上都大于零。据研究指出，最好的料斗是带有指数曲线形斗壁的料斗。我国多采用等截面变化率的指数曲线形料斗。

2. 料斗卸料口的形状和尺寸

(1)料斗的倾角　料斗倾角是指各斗壁与水平面的夹角或曲线各点切线与水平线的夹角中的最小值，倾角(以 α 表示)大于物料对斗壁的摩擦角(即自流角，以 β 表示)。

我国采用的倾角 α 值：对粒料 $\alpha=45°\sim55°$，对粉料 $\alpha=65°\sim75°$，原则上 α 值应大于自流角 15°以上。对于矩形料斗，斗壁焊接棱角与水平面的夹角要小于各相应壁面与水平面的夹角，因此料斗倾角应取各棱角与水平面夹角的最小值。

(2)卸料口尺寸

①通用的经验公式：根据物料密实强度 f 和物料的容重 γ，可由下列经验公式求得需要的最小卸料口直径(或宽度)R：

$$R \geqslant \frac{\gamma}{f}(m+4)$$

式中，m——出口形状系数(矩形口 m=0，圆形口 m=1)。

可见矩形卸料口比圆形的优越。在许多场合下，只要采用足够大的卸料口，就能防止结拱。

②方形卸料口最小边长：对流动性好的粉料，方孔最小边长为：

$$A_1 = K(d+80)\mathrm{tg}\phi\text{(毫米)}$$

式中，K——经验系数(对经筛分的粉料取 2.6，普通物料取 2.4)；

d ——颗粒最大尺寸；

ϕ——物料内摩擦角(对流动性好的物料可取休止角代替)。

③矩形卸料口的宽度

$$A_2=\frac{1+n_1}{2n_1}K(d+80)tg\phi(毫米)$$

式中,$n_1=B/A_2$,即卸料口矩形长边 B 与短边(宽度)A_2 的比,ϕ、d、K 同前式。

对物料流动性差的,则内摩擦角可取临界值 $\phi=50°$。为保险起见,还可采用振动卸料器或其他附属装置。

据有关资料介绍,卸料口最短边(宽度)的尺寸不应小于 200 毫米。

④圆形卸料口的直径:它类似同样宽度的方形卸料口。对流动好的物料,可用前述的方形卸料口公式;对流动性差的物料,圆孔最小许可直径

$$r=\frac{4(1+\sin\phi)K_1\tau_0}{\gamma g}+d(米)$$

式中,K_1——安全系数,取 1.5~2;

γ——物料容重(千克/米^3);

g——自由落体加速度(米/秒^2);

τ_0——初始剪切阻力(帕)。

短期贮存时,谷物原料 $\tau_0=17$ 帕,粉料 $\tau_0=30$ 帕;长期贮存时,可能增大 5~6 倍。详见表 2-1。

表 2-1 摩擦系数及初始剪切阻力

原 料	内摩擦系数	外摩擦系数			初始剪切阻力(帕)
		钢 材	混凝土	木 材	
大麦粉	0.36	0.38	0.45	0.33	46.7
肉骨粉	0.26~0.42	0.50	0.51	0.33	28.0
血 粉	0.28~0.39	0.44	0.66	0.26	24.1

续表 2-1

原　料	内摩擦系数	外摩擦系数			初始剪切阻力（帕）
		钢　材	混凝土	木　材	
鱼　粉	0.44～0.52	0.36	0.71	0.32	20.7
针叶粉	0.35～0.55	0.66	0.54	0.33	14.0
细草粉	0.67	0.38	0.50	0.35	15.9
粗草粉	0.73	0.57	0.55	0.43	9.2
细秸秆粉	0.79	0.38	0.51	0.30	8.7
粗秸秆粉	0.73	0.47	0.47	0.40	0.5
棉籽饼粉	0.19～0.42	0.44	0.65	0.25	41.6

(二)改进料斗通畅性的措施

在实际生产中，由于料斗结构、尺寸、物料的物理性质以及使用不合理等种种因素，也会常有结拱发生，为此还得分析原因，采取相应破拱措施，改进料斗的通畅性，常用的办法有：

①加大卸料口或多设卸料口。

②选用恰当的料斗，如曲线形料斗、一侧垂直壁的非对称料斗等。

③加大斗壁倾角。

④在料斗内表面刷涂料使其光滑。

⑤安装助流装置。

助流装置是为改善筒仓内物料流动性而设置、安装的部件或装置。助流装置类型如下：

①仓底活化装置，即沿仓底长度或宽度方向安装输送设备。

②气力装置，这是在易结拱区，安装由电磁阀控制的 2～6 个压缩空气喷嘴，利用 392～784 千帕压强的空气喷射，吹散压实的物料使之不结拱。

③安装能使料斗内壁面上下升降的挠性脉动垫。

④自筒仓顶部挂上链条或圆盘,也是一种简单有效的防拱方法。

⑤仓内嵌入改流体。

⑥料斗壁外安装振动装置。

⑦料斗内安装搅拌装置。

1. 嵌入体(改流体) 实际中常用的筒仓并不能保证整体流的实现,结拱现象非常普遍。为解决这个问题,可在料仓中嵌入改流体,用以改善仓内物料流动性能。常见的改流体有多种形式(图2-19):

(1)水平挡板 安于卸料口的上方,它承受其上方的压力,在挡板的下方是一个环形空间,以便获得一个积极流动带,故不易结拱。缺点是挡板上易积料。

(2)垂直挡板或十字架形(俯视)隔板 结构较简单,它可以消除物料间的横向应力,故不易结拱。

(3)锥形改流体 其作用与水平挡板相同,优点是不会积存物料。

(4)除上锥体外,再安上倾斜挡板 挡板的倾角应比物料的休止角大10°,它多用于大型筒仓中。

(5)双锥体改流体 既承担上方压力,又隔开侧向压力,并起导流作用。

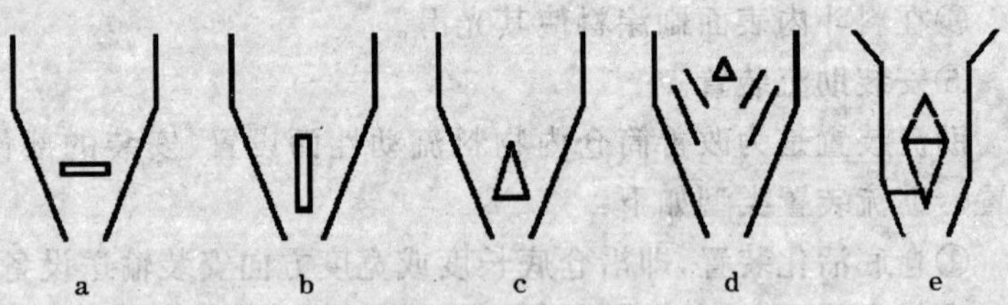

图 2-19 改流体的形式

a. 水平挡板 b. 垂直挡板 c. 锥形改流体

d. 安有倾斜挡板的锥体挡板 e. 双锥体改流体

2. 振动防拱装置 如果采取嵌入改流体的方法不能解决结拱问题,可以考虑采用振动防拱装置。它是利用安装在料斗壁上的振动源,通过斗壁把振动传给物料,使物料得以活化,从而减少向下流动阻力而起到防拱作用。现在国内外使用较多的振动源是振动电动机,其结构是在电机两端轴上各安装一偏心重块,当电机运转时产生振动力而振动斗壁,起到防止粉料凝集的作用。电机激振力有固定和可调两种。

应该指出,为了取得良好的振动效果,需要根据粉体特性合理选定安装位置、振动频率和振幅等。振动电机合适的安装部位是(图 2-20):若为一台,则电机距下沿距离应为斗壁斜长的 1/4～1/3;若为两台,则对称安装,但上下应错开 50～100 毫米,以免相互干扰。具体位置最好通过实测来确定。

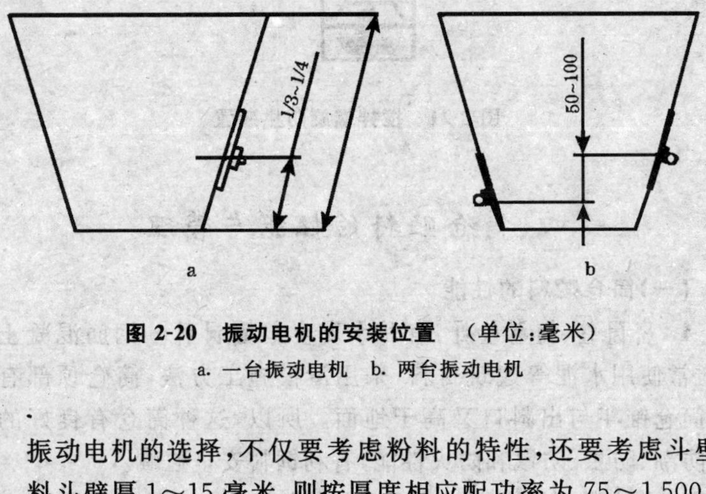

图 2-20 振动电机的安装位置 (单位:毫米)

a. 一台振动电机 b. 两台振动电机

振动电机的选择,不仅要考虑粉料的特性,还要考虑斗壁厚度。料斗壁厚 1～15 毫米,则按厚度相应配功率为 75～1 500 瓦、激振力为 30～1 500 千克的两极振动电机。一般要求振动频率 1 000～8 000 次/分,振幅 0～6 厘米或更大些。

振动电机防拱装置的优点是:构造简单,维护容易,噪声较小,小型化，电耗少，振动效果好。

3. 搅拌防拱装置（图 2-21） 在料斗下部卸料圆盘上安上搅拌螺旋，当圆盘卸料器旋转时，螺旋在料斗内作自转和公转运动来搅拌物料，防止结拱的发生。此装置最适合于经振动仍无效的附着性强的黏性粉料。

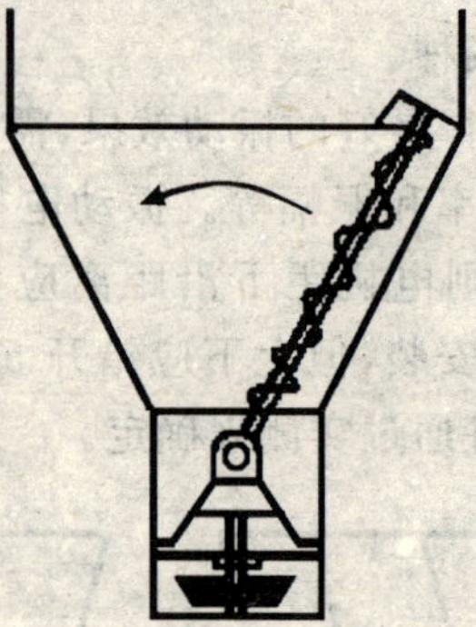

图 2-21 搅拌螺旋防拱装置

四、筒仓贮料的性能与管理

（一）筒仓贮料的性能

1. 密闭性、防潮性好，有利于安全贮藏饲料 钢筋混凝土筒仓通常使用水泥等建筑材料，采用滑模施工方法，筒仓顶部有顶棚，筒仓锥斗与出料口又高于地面。所以，这种筒仓有良好的密闭、防潮、防虫、防鼠和防火性能，有利饲料安全贮藏。

2. 筒仓贮料的机械化程度高，工作效率高 筒仓顶部和底部都设有输送设备，筒仓群的工作塔内设有提升、称重、清理、控制等设备，筒仓的工艺流程使它能迅速完成饲料进出仓的操作，便于连续生产，有利于实现接收、贮存、发放的自动化管理，工作效率高。

3. 钢板筒仓不宜作长期贮料　因钢板仓壁薄导热性好，筒壁处物料易受外温影响，仓内外温差易导致料堆水分转移，在仓壁处或料堆表层结露。特别是夏季气温高时，白天仓内温度高，水分蒸发量大，夜晚降温后水蒸气凝结易造成局部水分过高，导致贮粮霉变。故钢板筒仓要较长时间贮料一定要配置通风系统，改善筒仓的湿热环境。

(二)筒仓贮料的管理

1. 需采取措施，克服筒仓自动分级问题　由于筒仓直径小，筒体高，进料时会形成严重的自动分级现象——在筒壁处形成环状的轻型杂质区，在落料点处(中心)形成柱状重型杂质区，给安全贮料带来隐患。所以，筒仓进料前一定清理除杂，并采用均分器(图 2-22a)或中心管进料(图 2-22b)，以减少进出料时的自动分级现象。进料用的中心管在卸料时还可作为卸料通道(图 2-22c)。

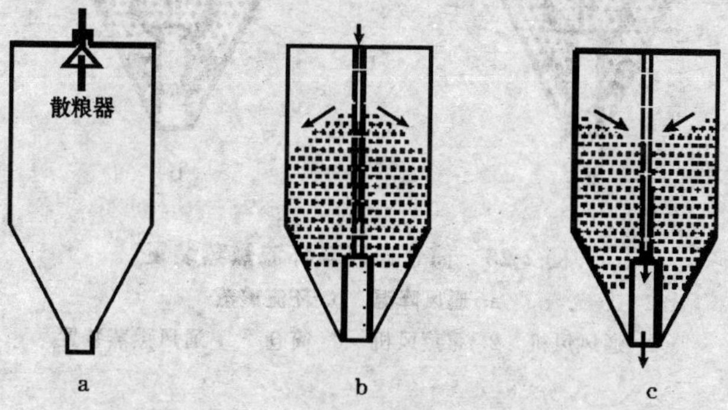

图 2-22　筒仓均分器进料与中心管进料、卸料

a. 均分器进料　b. 中心管进料　c. 中心管卸料

2. 筒仓必须配备通风和熏蒸设备　筒仓贮粮期间，对那些入库时含水量、杂质、料温较高者，采取机械通风(图 2-23 a)是一种比较有效的措施。在贮料出现发热时，通风也能降低贮料的温度，保证贮料安全。近年新建筒仓大都设置测温系统、通风系统，能及时发现料温发热，并能根据料温情况采取适当的通风措施，降温散湿；同时，筒仓贮料同样会遇到虫害问题。由于筒仓料层太厚，少则十几米，多则几十米，采用普通的熏蒸方法很难使药剂渗入料层，难以保证杀虫效果。筒仓通常采用利用环流熏蒸系统(图 2-23 b)灭虫，确保安全贮料。此外，钢板筒仓的仓壁与仓顶的结合处有缝隙要封死，以免影响筒仓的气密性与熏蒸杀虫效果。

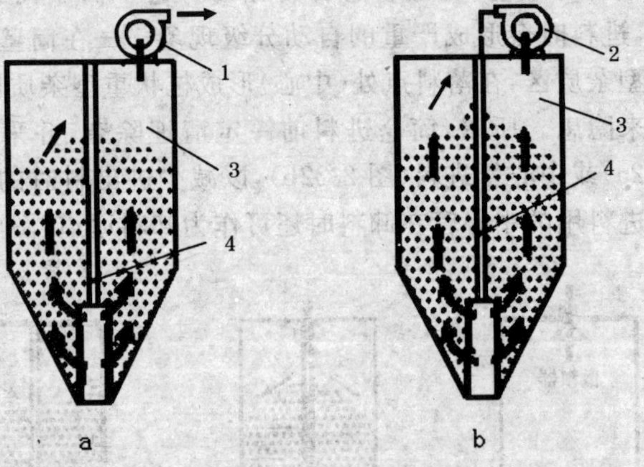

图 2-23 筒仓通风与环流熏蒸装置

a. 通风降温 b. 环流熏蒸

1. 通风风机 2. 熏蒸风机 3. 筒仓 4. 通风熏蒸装置

3. 控制粉尘，严防粉尘爆炸 在筒仓贮料中，对粉尘爆炸应给予足够的重视，否则将造成巨大损失，粮食筒仓中的粉尘爆炸国内外都时有发生。发生粉尘爆炸需要同时具备一定浓度的可燃粉尘和火源两个因素。饲料行业的绝大多数粉尘都是易燃粉尘，由于粉尘颗粒直径小，与空气接触充分，一旦被火源点燃，其燃烧速度十分迅速，当这种燃烧发生在相对密闭的空间时，就会产生粉尘爆炸。粉尘爆炸一旦发生，随着物料在设备内的流动，还可能产生连锁反应，造成多处爆炸。这种爆炸的威力很大，足以将整个筒仓、工作塔甚至车间房屋炸开。

防止粉尘爆炸首要的是控制粉尘浓度。粮食类粉尘爆炸的浓度低限为 20 克/米^3，如果能将粉尘浓度控制在这个值以下，粉尘爆炸就不会发生。筒仓是一种密闭仓型，通风不良，因此凡在饲料有震动或落差处等易产生粉尘的地方，特别是工作塔内需采取除尘措施，严格控制粉尘浓度。

防止粉尘爆炸的另一个措施是杜绝火源与粉尘接触。因此，筒仓作业设备的所有电器应采用防爆型，进行有火星产生的操作时应停止进出料。在仓壁、仓顶等处进行焊接等操作，最好在仓内物料清空后进行，特殊情况下不能清空时，要特别注意不能引燃仓内物料。

4. 浅圆仓的安全贮料管理尚待总结经验　浅圆仓贮量大，占地面积适中，机械化程度比平房仓高，单位面积造价低，国外使用较多。我国粮食行业新建的浅圆仓配置了粮温检测、通风降温、环流熏蒸与粮食冷却系统。这些配套系统为浅圆仓安全贮粮提供了条件。但浅圆仓在我国还属于一种新仓型，是否适合我国国情，尚待进一步观察和总结经验。例如，我国饲料的入仓质量(含杂高、含水量不均)与国外有差距，贮料时间比国外长；饲料来源比国外复杂，这种条件下浅圆仓贮料能否安全，能否度夏，须进一步总结经验。

第四节　露天贮藏

露天贮藏是一种临时贮存措施。当今世界上发达国家都仍然采用露天贮藏饲料原料。根据我国的实际情况，露天贮料在今后相当长的时期内仍是重要贮存形式之一，它可作为解决仓容不足的一种重要手段。我国采用露天贮藏的饲料约占库存总量的15%～20%，露天贮藏的形式主要有露天囤、垛和土堤仓三大类。以露天囤、垛应用最为广泛。

随着仓贮科技的发展，露天贮藏技术也在逐步向减轻劳动强度，节约保管费用，防虫、防火、防雨、防热、防鼠（雀）以及材料标准化、料堆整齐化、贮料科学化、管理规范化等方向发展。露天贮藏使用的材料以塑料、纤维板、双面涂塑革等新材料为主。

我国幅员辽阔，各地气候条件差异很大，饲料品种繁多，质量不一，各地可以结合地区特点，运用新材料、新工艺去改进现有的露天囤、垛，并继续探索，不断开发新的更完善的露天贮藏设施。

下面介绍露天囤、垛的饲料贮藏。

一、堆　基

露天贮料堆基，即露天贮料的地坪。堆基的好坏，直接影响露天贮料的安全，因此要求堆基具有防潮、防鼠和防虫的性能。

（一）堆基的形状

堆基的大小和形状，随各地区而定，一般认为以一个堆基贮料100～200吨为宜。堆基过小不经济；堆基过大，存料过多，苫盖困难，不易防虫、防鼠、密闭、熏蒸。常用的堆基尺寸及存料数量见表2-2。

表2-2　常用的堆基尺寸及贮料数量

堆基形状	堆基尺寸（米）	堆装方式	堆装高度	贮料数量
圆　形	直径7	做囤散装	4.0米	100吨左右
	直径8		4.5米	150吨左右
方（矩）形	10×6	包打围散装	4（檐高）米	200吨左右
	10×10	包装	15层包	

（二）堆基的建造

堆基要建在不影响建库总体规划，不影响库区交通，不影响饲料接收、调运、晾晒、上空无高压电线通过的场地。尽可能和工作区、生活区隔开，堆基与堆基之间要留有防火通道和机械操作空间。建造硬底堆基，用材不同，方法也有所区别。

1. 砖石堆基　将建堆基场地平整夯实，按所需尺寸，用砖石水泥砌筑，高度不低于 40 厘米。砌至距地面 25 厘米高处，在外沿按 20～30 厘米等距离预埋若干 5 厘米×5 厘米×10 厘米长方形木块，四周沿木块外围钉好压膜槽管。堆基表层 5 厘米高度，四周均在底尺寸基础上内收 5 厘米，形成沿台，用于放置防鼠裙。圆形堆基的表层形状为馒头状，方形堆基的表层形状为鱼脊状坡度，可防雨水顺边缘倒灌入堆。最后，将堆基表层和外围用水泥抹平抹光。

2. 砖围土心堆基　平整夯实场地，按所需尺寸，四周用砖和水泥砌筑 24 厘米或 37 厘米厚的围墙，墙高 40 厘米以上，外围用水泥抹平抹光，墙内空间填上就地易取的沙土或碎砖石，平整夯实后，低于墙基 8 厘米左右，用 2～5 厘米厚细泥或细灰沙平整表面，上铺焊接好的薄膜或沥青油毡做防潮层，然后在防潮层上均匀地铺 1 厘米厚的干细泥做保护层，再用水泥砂浆做 3～5 厘米厚的面层，抹平抹光。这种堆基的沿台、表层形状和压膜槽安装均与砖石堆基的建造要求相同。

3. 防鼠高底脚堆基(图 2-24)　这种堆基具有防鼠性能，适用于散装贮藏饲料。

高底脚堆基建造方法：除围墙用砖砌筑 80 厘米高外，其场地处理和围墙宽度与前两种堆基要求相同。砌墙时墙体内埋砌四道 8 号铅丝或直径 6.5 厘米圆钢制作的钢筋箍。钢筋箍分布在檐口下并排二道(离地面 30、55 厘米高处各一道)。围墙上沿向外飞出 3 厘米反檐，内圈留 5×5 厘米沿台以便放置囤料器。围墙上沿内高外低，呈反水坡状以利于泄水。墙体自底向上约 40 厘米留若干直径 1 厘米的漏水孔。按建造前两种堆基的要求，砌筑砖石或填土夯实，铺设防潮层，做水泥面层成为堆基。堆基以上内墙用防水剂处理后水泥抹平，空间用来装料，饲料堆装至沿台后再继续用其他器材打围装料。

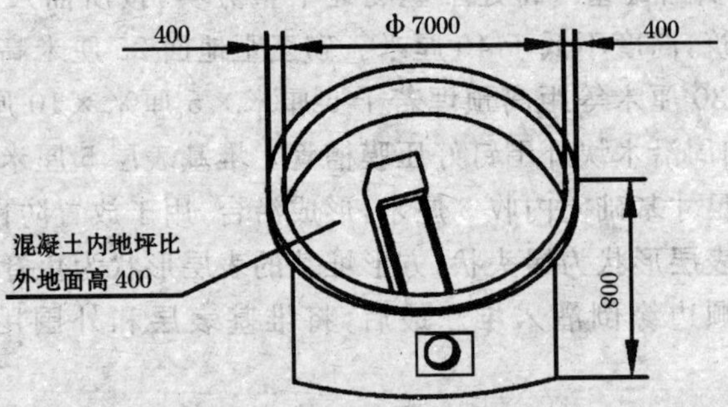

图 2-24　高底脚堆基　（单位：毫米）

4. 移动堆基(图 2-25)　按堆基所需的周长，事先将围墙制成每块长 1 米左右、高 40 厘米的预制块，预制块的外部和上部用水泥抹平抹光。建堆时，将预制块在平整场地上拼接成围，用水泥砂浆扫缝。围内填土夯实，上铺双层塑料薄膜垫底或是在围内用砖自下而上平铺至墙高。底层砖与砖之间不用泥浆砌、不勾缝，以便拆除，表层砖用细泥打平，铺设焊好的薄膜隔潮。

移动堆基可在现场随拼随用，拆除方便，适合于在水泥晒场等临时堆放露天饲料的场所使用。

5. 包装、散装两用堆基(图 2-26)　先在选好的场地按要求建造 40 厘米高的长方形堆基，宽度一般不小于 7 米，再在建好的堆基上按所需直径建若干个圆形堆基，高于平台 10 厘米，这种堆基平时用于做囤散装或包囤打围散装，饲料包装时还可作为包装料堆基。

图 2-25 移动式堆基拼装

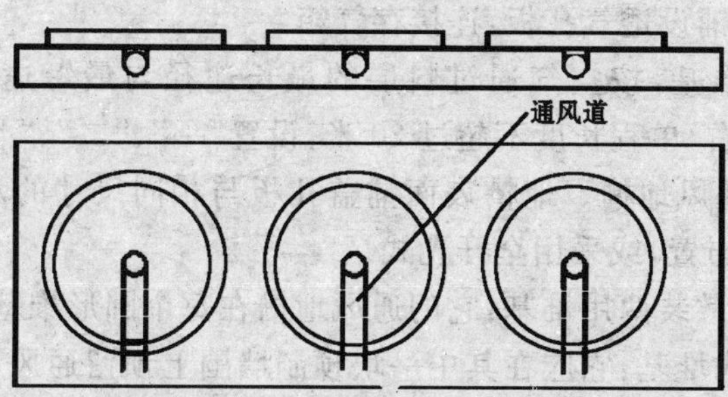

图 2-26 露天包装散装两用堆基

6. 堆基风道设置 以上 6 种堆基的风道都未提及，这里作统一介绍。堆基风道应在建造堆基同时一次完成。如建造砖围土心堆基时，通风地槽应随砖围同时砌筑好，以后再填土。地槽与堆基平齐，也可以略高于堆基表面。地槽截面为正方形时，边长 30～40 厘米，用砖砌筑并做防水处理。通风地槽上透气孔的开孔率一般在 20%以上，孔以不得漏料为原则：对小麦而言，圆形气孔直径可用 2.4 毫米；长形气孔可用 2 毫米×(10～12)毫米。由于露天贮料堆装一般较高，特别是圆堆做囤散装，顶端高达 7 米以上，仅靠堆基上的水平地槽通风是不够的，往往会造成“短路”，在使用时最好连接纵向风道，使整个风道系统形成“L”型风道，纵向风道可用薄钢板、木条、竹笼等材料制成方形、圆形、三角形。纵向风道与存气箱相连。通风地槽出口在堆基外墙中间部位。砖砌地槽出口要安装连接风机的法兰圈，外墙面装上保护门，平时关严地槽出口，以便防鼠和隔热隔湿。

圆形堆基：按半径长度设置“一”字形通风地槽。地槽表面用水泥板铺盖至中心部位，留 50 厘米长铺盖透气孔板，上接一个边长 70 厘米左右的正方形(或长方形)存气箱。也可直接埋设直径 30 厘米左右的水泥管做水平地槽，中心部位用砖石砌 50 厘米见方的槽孔，铺设透气孔板，连接存气箱。

方形堆基：按空气通过料层的最长途径与最短途径之比为 1.5∶1 左右，单程长度不超过 20 米，设置“一”、“二”、“#”、“Y”或“土”字型通风地槽。地槽表面铺盖孔板与相同尺寸的水泥板，按 1∶1 相间布置，或采用全开孔式。

包装、散装两用堆基：它的通风地槽在每个圆形堆基上。

移动式堆基：它应在其中一块预制墙围上预留通风口，并同时制作好通风地槽预制件，使用时拼装即可。

二、堆　装

饲料露天贮藏有两种堆装方式：圆形堆和方形堆。堆装方法可分为做囤散装、包打围散装、小囤打围散装和包装。

(一)做囤散装

做囤首先要选用材料。这要根据安全贮藏饲料对材料的要求，并遵循就地取材的原则。做囤的材料有多种，主要有：

①由草(主要是稻草)制作成的草包。

②用芦苇片或竹片编制的折子(又称折条、蓉子)。

③用毛竹、小竹竿作成竹围。

④用纤维板、扁铁由工厂制作，现场拼装。

⑤由聚丙烯包装带加工编制而成的囤等。

①、②两种材料易取得，成本低，但易燃不安全；④、⑤两种主要由工厂加工制作、拼装操作方便。现以竹围囤（图 2-27）为例介绍如下：

1. 使用材料　毛竹、小竹竿、8# 铅丝（或直径 6.5 毫米圆钢）、16# 铅丝、废旧席片（或草包、麻袋片）等。

2. 做囤方法

①按所需料囤直径将 8# 铅丝做成相应周长的圆箍。每个 4 米高的囤约需铅丝箍 13～15 道。

②毛竹截成 2 米长左右，割成 3 厘米左右宽的竹片，小竹竿截成 1.2 米长。以两道竹片为筋，将小竹竿按 15 厘米的间距用 16# 铅丝固定在竹片上，做成高 1.2 米、长 2 米左右的竹笆（便于搬运），两道竹片筋分别固定在小竹竿的 25 厘米和 100 厘米处，自身要两头各留 20 厘米间距。此外，按同样方法制成一部分高 60 厘米、长 1 米左右的小竹笆。

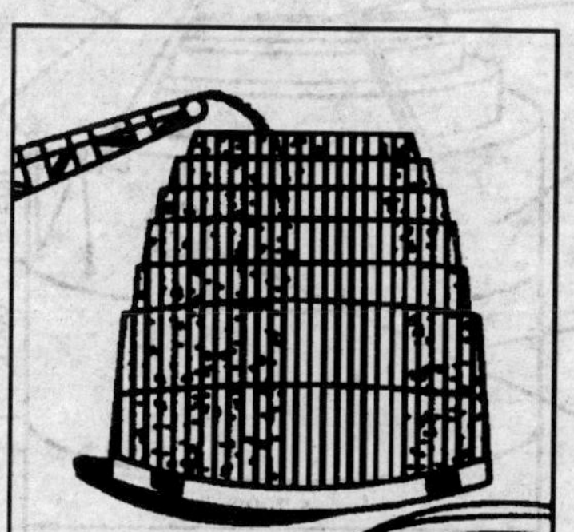

图 2-27　竹围囤

③按囤所需的直径将竹笆连成 4 个大小相等的竹笆圈，连接时每两块竹笆之间以两头竹片相互接插并用 16# 铅丝扎紧。

④在堆基上安放第一竹笆圈，在竹笆圈 15 厘米、50 厘米、75 厘米、110 厘米处分别打上 4 道铅丝箍，将废旧席片或草包单层靠在竹笆圈内壁，即可用机械或人工进料。要注意将物料倒在圆圈中心，不要直接冲击竹圈。当进料到 90 厘米左右高度时，将第二个竹笆圈套在上面，小竹竿交错相插，再按上述方法打上铅丝箍，置席片继续进料，然后套接第三圈、第四圈……直到上部最后 1 圈。

⑤当进料达到预定高度时，顶部 10 厘米左右不要装料，平整料面后，按囤直径内收 40 厘米，将 60 厘米高的竹笆在料面连成竹笆圈进料，然后再内收 50 厘米围圈进料，如此逐层内收、升高、结顶，或是按照折囤的制作方法在料面用折子逐层盘绕螺旋结顶（图 2-28）。

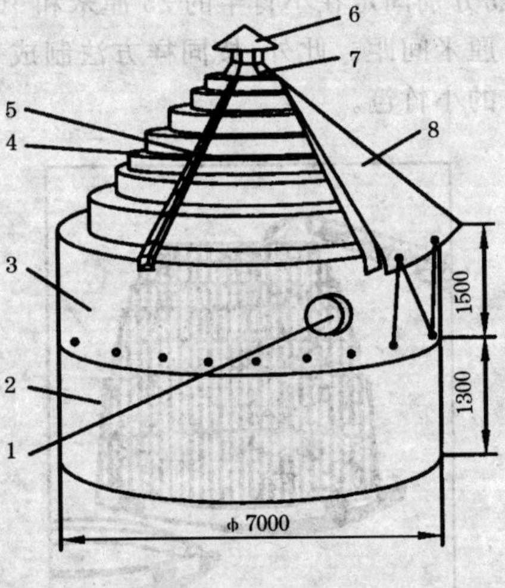

图 2-28　露天堆螺旋结顶　（单位：毫米）

1. 通风口　2. 玻璃钢围裙　3. 两幅双面涂塑圈子

4. 圆台　5. 龙骨架　6. 出气孔帽子　7. 出气孔架子　8. 白色双面涂塑

(二)露天散装

露天散装堆料有围包墙散装和围囤散装两种形式。露天包的堆法与仓内包围散装堆法基本相同。这里不再作介绍。现仅将露天围囤散装介绍如下。

目前,露天围囤散装,多采用"花盆式宝塔"的囤型(图 2-29)。规格基本一致,囤底直径不大于 6.8 米,囤身不高于 3 米,由囤底向上逐步放宽,围檐的直径不大于 7.4 米,囤顶共有 6 层,每层收进 40～50 厘米,层高 50～60 厘米;第一层直径小于囤底直径,第六层直径不大于 2 米,全高 6.1 米(不计囤基),体积约 174 立方米,囤身容量约占 70%,囤顶容量占 30%强。

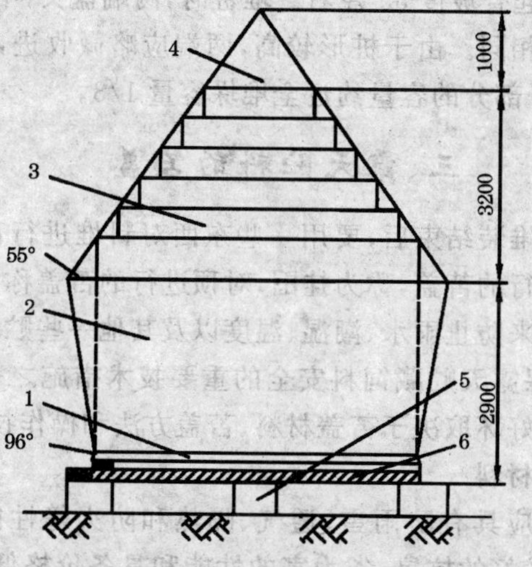

图 2-29　宝塔顶全席囤　(单位:毫米)

1. 保险箍　2. 囤身　3. 宝塔顶　4. 空心顶　5. 砖石墩　6. 仓板

露天围囤全部用折子做囤,所以也叫折子囤,其主要优点是容量大,囤身牢固,便于泄雨防漏。

(三)露天包装贮藏

露天包装贮藏的方法是:先做垫底,然后按实垛堆法进行堆垛,至一定高度后在垛两边的包各向内收进半包,起脊坡度要大。垛好后,在垛四周围席 3～4 层,垛顶盖席层数应适当增加。当席盖到垛顶时,可用数层干净麻袋覆在料包上,同时垛顶两边覆席塔头后,应再用数层席子从垛脊向两边覆盖,以免雨水从垛顶进入垛内。

这种堆垛,宽度一般在 5 米左右,多为 4 列半或 5 列半,含水量高时 10 包左右起脊,25～30 包结顶,全高 6 米以上(人力肩运的可适当降低)。檐 2.5～3 米,起脊高 3.5～4 米。起脊时每包收进约 15 厘米,起脊坡度 55°左右。堆桩时,两端盘头,中层拍包,与仓内袋装堆法相同。由于桩形较高,两端应略微收进,以利安全。这种桩形,起脊部分的容量约近全堆垛容量 1/3。

三、露天贮料的苫盖

露天贮料堆装结束后,要用一些东西对料堆进行苫盖。对露天贮料囤身进行的苫盖,称为挂围,对顶进行的苫盖称为苫顶。依靠挂围和苫顶来防止雨水、潮湿、温度以及其他一些贮料环境条件的影响,是确保露天贮藏饲料安全的重要技术措施之一。露天贮料苫盖效果的好坏取决于苫盖材料、苫盖方法和操作技术。

(一)苫盖材料

苫盖材料应具有防雨雪、透气、隔热和防火等性能。除此之外,还应具备较好的抗鼠、雀为害的性能和具备价格低廉、重复利用率高的特点,以便降低贮藏费用。

目前常用苫盖材料主要有:

1. 草　多为麦秸和稻草,草可用麻绳编制成草帘,挂围主要用草帘,苫顶用散草或草帘均可。草取材容易、价廉、透气性好,冬季不易结露,夏天隔热效果优于其他材料,但防风防水、防雀性能差，较费工，重复利用率低，久雨易导致表层饲料水分增大。

2. 芦席 芦席是用芦苇片编制而成的。其防火、防风、防雀性能和使用方便程度优于草但不如篷布和PVC维纶双面涂塑革。透气、隔温性能不如草而优于篷布和PVC维纶双面涂塑革。在相同坡度下，排水性能好于草，持水性能小于草，冬季结露现象比草严重。采用芦席的一次性投资比草的高，接近篷布和PVC维纶双面涂塑革。

3. 篷布 常用的各种篷布制品，用棉布、维棉布、维纶布经桐油漆制而成。篷布做为苫盖材料，折盖方便，便于检查，防风防火性能好，有较好的防虫、防雀性能，但在使用一段时间后如不及时维修上油，或因鼠咬等原因造成损破，易受雨水浸漏和鼠害。透气性差，受外界气温影响，传入传出的热量大、速度快，容易产生温差，造成结露、料温升高。虽一次性投资较大，但重复利用率高。

4. PVC维纶双面涂塑革 PVC维纶双面涂塑革是一种新材料，它用于苫盖具有防火、防风、防虫、防雀的性能，其防雨性能也优于篷布，与篷布相比还具有重量轻、体积小、耐寒性和耐腐蚀性好等特点，使用方便。但其透气性能和隔湿性能不够理想，也存在怕鼠咬、易破损漏雨、易结露和夏季高温等对贮藏物料的不良影响。

上述各种苫盖材料性能各有利弊，很难同时满足露天贮料安全贮藏的要求，实践表明，取其所长，配合使用，可起到优势互补的作用。例如，采用草顶布围（即苫顶用草，挂围用篷布或PVC维纶双面涂塑革），既保持了顶部的透气隔温性能，又提高了囤身的防火性能，比使用单一材料苫盖效果要好。

（二）苫盖方法

堆身和堆顶的苫盖略有不同，分别介绍如下。

1. 挂围方法 篷布挂围或PVC维纶双面涂塑革挂围，一般事先按贮粮堆形和尺寸在工厂直接定制成相应规格的布围。布围的上、下两边都装有穿绳环孔，两头边部制作有不同形式的搭扣，使用时只要按规定围上堆身，搭好接头部分并在环孔内穿绳拉紧即可。

芦席挂围，一般不少于 3 层，用竹签扦牢在堆身上（外露部分向下倾斜，称为“下水签”），上、下席搭头不少于 10 厘米，上下排直缝错开。

草帘挂围，则由下而上苫盖，用铅丝或绳子将草帘扣牢在料堆上，一般为三层草帘，在四周和檐口处要加厚 2～3 层。

挂围注意事项：

①不管采用什么材料挂围，堆基周围有沿台的，挂围材料下端应盖过沿台，堆基周围无沿台的，必须将堆基盖住 10 厘米左右，以防雨水进入堆基边缘。

②挂围材料不宜挂得过低，如拖在地面，易于藏鼠，不利于清扫，也会使地面湿气不能及时散去并可能浸入挂围材料内部。

③有的地方堆身 1 米高以下另外使用玻璃钢、矿渣瓦等材料防鼠，此时防鼠裙下端应盖过堆基沿台或盖过堆基 10 厘米左右。挂围材料下端应盖过防鼠裙 5 厘米。

④芦席具有一定的伸缩能力，挂在料堆上一段时间后会自然下垂，因此用芦席挂围时，下端席头应整齐，离地可适当高一些，能盖过沿台或堆基即可。

⑤如遇连续阴雨，应在天气晴好、地面晒干后及时将堆围下部撑起晾晒，以散发堆体的湿气。

2. 苫顶方法 顶部苫盖有料面苫顶和架空苫顶两种类型。从使用情况看，顶部架空苫可以解决料面苫顶存在的一些问题（易结露、隔温性能差、料情检测不便、熏蒸施药问题不好解决等），但不如料面苫顶方便、省料，费用较高。应根据贮存期的长短和用途来选用合适的苫顶方法，具体来说，对加工、供应和调运中转临时贮存的或贮存期在 6 个月以内的露天饲料可进行料面苫顶，计划长期露天贮存的饲料可采用架空苫顶。

(1)料面苫顶 料面苫顶有篷布(或PVC维纶的双面涂塑革)苫顶法、芦苇苫顶法和草苫(散草或草帘)顶法。现以篷布苫顶法为例介绍如下:

①圆形囤顶的苫盖:将篷布按囤顶尺寸制成相应规格的顶罩,使用时先在顶罩边缘的环孔穿好绳子,再将顶罩叠好抬上料面,四边展开向下放过檐口罩住囤顶,顶罩四周要盖住囤围挂围材料20厘米左右,拉紧环孔内绳子,或是分别从两环孔之间将绳子拉下紧系在囤围的竹签上,篷布挂围上扎有铅丝箍的,也可用S型钩子将绳子系在铅丝箍上。

②方形囤顶的苫盖:使用一般规格的方形或长方形篷布盖在堆顶上,四边均应盖住堆围挂围材料20厘米以上,四周环孔穿绳系在堆基边缘特制的铁环上。

③增设通气孔或防护层:用篷布苫盖的囤顶透气性能和隔温性能差,易结露,除采用架空苫顶来解决这一问题外,还可以采取增设通气孔或防护层的方法。

增加通气孔是在顶罩顶端预留一个直径40厘米左右的圆孔,圆孔上用篷布接制同等直径的通气管,长40厘米左右,再装一个可升降的伞形(或重锤式)通风帽(图2-30),套在通气管内,开启通风帽可排出上层的部分湿热空气。

增加防护层即在苫盖前,先在料面铺设一层吸湿隔热物料,然后再用篷布苫顶,增加防护层有三个作用:可使料堆露点转移到防护层上,避免直接在料面形成露点,并吸收料堆内上升的湿热空气;当篷布出现漏雨情况时起到隔离和吸收作用;有一定的隔温作用,减少篷布内外的温差,减少结露,减少高温对贮藏饲料造成的不良影响。目前,采用的防护物料主要是草或砻糠。这两种物料来源广,价格低廉,经过处理确保无虫后铺在料面上的稻草厚度30厘米,砻糠装在旧麻袋或草包里铺在料面即可。

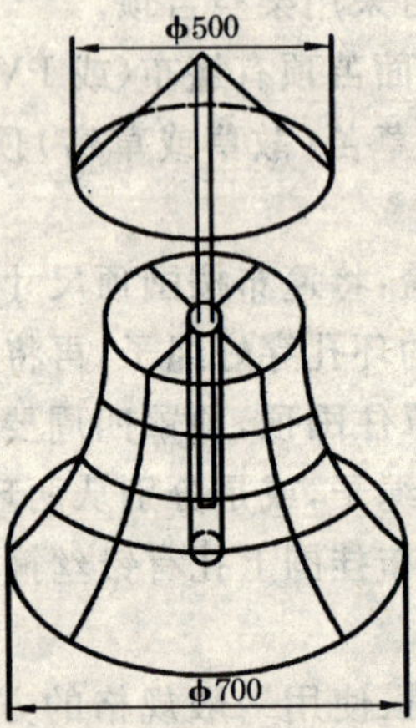

图 2-30　升降式伞形通风帽　（单位：毫米）

(2)架空苫顶　架空苫顶是采取措施将料面和苫盖物之间隔开，留出空间，以利于料堆空气流通，散发湿热，减少结露，并能起到一定的隔热作用。如料堆和苫顶之间的架空高度可供人直立行走，也给饲料安全查验和熏蒸施药提供了方便条件。可见，架空苫顶要比料面苫盖更有利于确保露天贮藏安全。

①圆形料堆架空苫顶

A. 框架架空法：料堆顶部用框架架空。用直径 6.5 毫米圆钢焊成若干节弧状架（每节长 1 米、宽 20 厘米、高 10 厘米左右），分放在堆顶各方（东、西、南、北），上部用绳子或铅丝连接，再在其上放伞形或重锤式通风帽，并用挂钩挂在每节弧状架上。最后将篷布或 PVC 维纶双面涂塑革顶罩套上，穿绳系牢即可。

B. 糠包架空法：先将砻糠消毒装入草袋或废麻袋中，在料面按每隔 1 米左右的间距放一个糠包至顶。顶部放通风帽，盖好篷布或 PVC 维纶双面涂塑革顶，顶罩上部套入通风帽框架，四边放过檐口，盖住堆身并穿绳系牢。

C. 简易架空法：该法利用露天贮料堆螺旋式结顶形成的台阶和空间进行。在螺旋顶的锥形斜坡上，每隔 1 米左右距离搭放一根直径 5 厘米左右的竹竿，竹竿间用绳子互相连接，也形成圆锥体，然后在竹竿上按要求盖好篷布或 PVC 维纶双面涂塑革，最后在顶部装好通气孔即可。

②方形装垛架空法

A. 纵向包脊架空法（图 2-31）：在堆顶料面纵向的中间用料包码一道脊，脊高 1.5 米左右，从堆脊向两侧边檐口架木棍（或竹竿），间距 1 米左右，形成房式仓式的人字架，木棍或竹竿上端通过脊顶用铅丝或绳子连接以防下滑，最后在人字架上按要求苫盖好篷布或 PVC 维纶双面涂塑革。

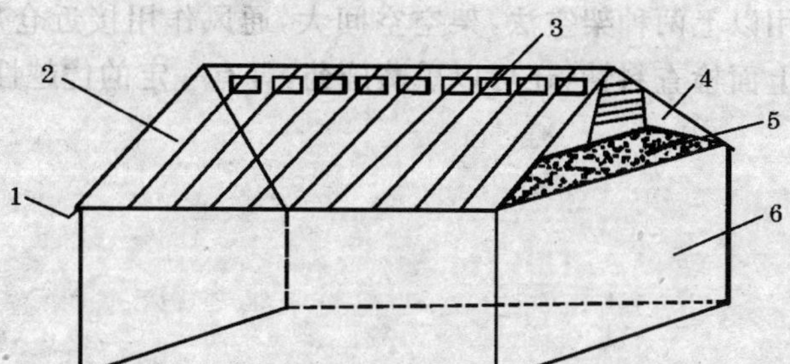

图 2-31 纵向包脊架空

1. 檐口 2. 木棍（竹竿） 3. 纵向包脊 4. 空间 5. 料面 6. 料堆

B. 料包堆山墙架空法（图 2-32）：按照包装堆收顶的方法和要求，用料包在料面上每隔 3～3.5 米，垒成一堵人字形墙，山墙中间留一条高 180 厘米、宽 70 厘米的通道，两头山墙各留 1 个相同尺寸的门洞，山墙通道和门盖严。山墙上每间隔 80～100 厘米横放一根木棍或竹竿，即可形成屋架。在屋架上苫盖篷布或 PVC 维纶双面涂塑革，料堆上部空间便于人活动，通道平时也可用来通风。

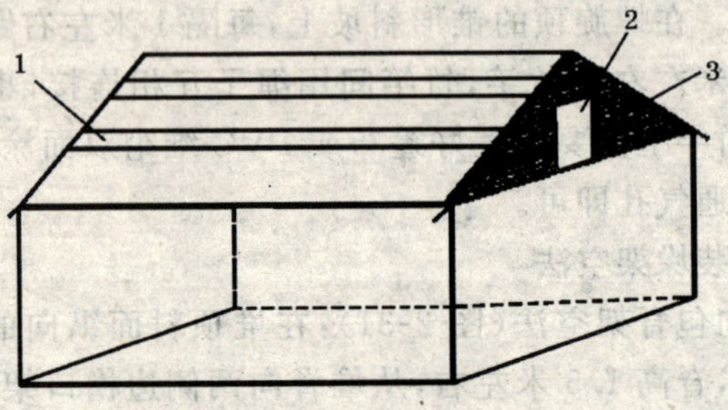

图 2-32　料包堆山墙架

1. 竹(木)横条　2. 通道　3. 料包山墙

采用以上两种架空法，架空空间大，通风作用接近仓房，人还可以在上面检查料情，还可以熏蒸施药，具有一定的优越性。

第三章　饲料贮藏常用机械设备

第一节　输送机械

按输送机的工作位置可将饲料输送机械分为移动式输送机和固定式输送机。按输送机的工作原理可将饲料输送机械分为带式输送机(皮带输送机)、刮板输送机、螺旋输送机、气力输送设备、斗式提升机、溜管和溜槽等。

一、带式输送机

带式输送机是由挠性输送带作为物料承载和连续牵引件的连续输送设备。它由一根闭合环形输送带绕过并张紧于前后二滚筒上,依靠输送带与驱动滚筒间的摩擦力使输送带产生连续运动,输送带上的物料随输送带一起运动,从而实现物料输送的目的。

带式输送机的特点是结构简单,工作平稳可靠,输送量大,输送距离远,能耗低,噪声小,使用和维修方便。目前,带式输送机带宽最宽可达 3 米,带速最高可达 6 米/秒,输送能力最大可达 20 000米^3/时,采用钢芯胶带时强度最高达 588.399 兆帕。在仓贮作业中,带式输送机输送距离一般不超过 150 米,倾斜输送角度比摩擦角小 10°～15°。

(一)结构与工作原理

带式输送机分为移动式和固定式两种,都可以用来在水平方向和小角度的倾斜方向上输送散装或袋装物料,其主要部件有输送带、驱动装置、张紧装置、支承装置、卸料装置、清扫装置,基本结构如图 3-1 所示。

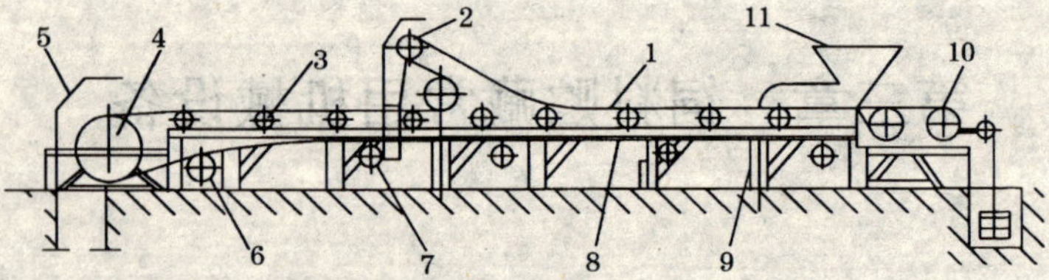

图 3-1　带式输送机的一般结构

1. 输送机的承载分支　2. 移动式卸料小车　3. 上托辊
4. 驱动滚筒　5. 抛料管　6. 导向滚筒　7. 下托辊　8. 无载分支
9. 机架　10. 张紧滚筒　11. 接料槽

输送带的承载分支 1 是用来承载和输送物料，受上托辊 3 支承；无载分支 8 是非工作分支，它与承载分支组成环形，由下托辊 7 支承。驱动滚筒 4 一般由电机通过减速传动装置驱动，为了增大输送带对驱动滚筒的包角（增加摩擦力），通常采用导向滚筒 6 来压紧输送带，改变输送带的运动方向。张紧滚筒 10 可以在一定范围内移动，以便通过螺杆调节、坠重等方式来使输送带保持一定的张紧度。被输送的物料通过接料槽 11 落在输送带的承载分支上，若需要从不同位置进料，可将接料槽装在移动式小车 2 上，使它能随小车沿带式输送机长度方向移动。

卸料可以通过在前端滚筒上部装设抛料管 5 来实现端部卸料，也可以在输送机长度方向任意位置采用卸料小车实现中途卸料。

驱动滚筒、张紧滚筒、导向滚筒、上下托辊、抛料管等都安装在机架 9 上。

移动式带式输送机还带有行走机构（图 3-2），即在带式输送机基础上加装行走轮，以便根据需要在库房内移动，更好地满足贮藏过程中装卸和堆放的需要。

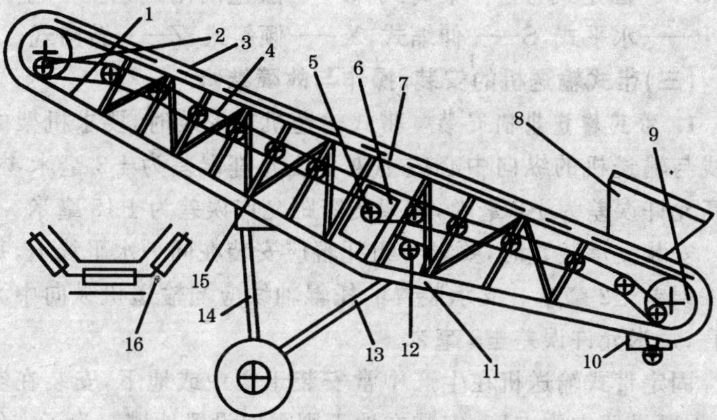

图 3-2　移动式带式输送机

1. 前身机架　2. 头轮　3. 防雨罩　4. 输送胶带　5. 换向轮
6. 驱动轮　7. 后身机架　8. 进料斗　9. 尾轮及张紧装置
10. 转向轮　11. 电器箱　12. 电动机　13. 升降操纵装置
14. 撑架及行走轮　15. 下托辊　16. 上托辊

(二)名称型号

带式输送机的产品型号按专业代号、品种代号、型式代号和产品的主要规格等顺序编写。

如：

T　DS　Q　65×10

- 65×10 —— 产品规格：带宽(厘米)×头尾轮中心距(米)
- Q —— 型式代号：全气垫式
- DS —— 品种代号：带式输送机
- T —— 专业代号：粮油通用机械

型式代号中：B——半气垫式，D——波纹挡边式，F——封闭式，G——固定式，J——架高式，L——散包两用式，Q——全气垫式，P——水平式，S——伸缩式，X——倾斜式，Z——转向式。

(三)带式输送机的安装、操作与故障维修

1. 带式输送机的安装 带式输送机在安装时，要求机架的中心线与输送机的纵向中心线不重合度允许误差为±3 毫米，相对标高允许误差为±2 毫米，机架的跨距允许误差为±15 毫米。

安装支承装置时，要求各组托辊应安装在同一水平线上，每米允许误差±2 毫米。支承装置的托辊轴线应与输送机纵向中心线垂直，每米允许误差±3 毫米。

固定带式输送机在生产中常安装于空中或地下，安装在空中时，需要设置空中走廊，安装在地下则需要设置地槽。为了方便操作人员的通行和维修，带式输送机的一侧应有不小于 700 毫米的通道，另一侧应有不小于 200 毫米的维修空间。架空的走廊两侧应有不低于 1.2 米的安全护栏。

2. 带式输送机的操作 为了在生产使用中降低功耗、减少机器磨损、提高输送效率，必须正确操作带式输送机。

带式输送机要求空载启动，以降低启动阻力。在输送机工作时，所有托辊都应转动，发现有不转动的托辊，应及时更换维修，否则会因摩擦生热而增大输送带的磨损。

普通橡胶输送带应避免与油脂或有机溶剂接触，以免产生变形，影响正常使用。应经常检查输送带，发现有破损应及时修补。

带式输送机进料应均匀，进料斗应与输送带对中，防止偏载。要防止进料斗导料槽与输送带直接接触，以免造成输送带表面磨损。

带式输送机应在停止进料且机上物料卸完后再停机。多机联动时，卸料终端的输送机先启动，然后依次向前启动各台输送机。停机时，应先停止进料，再停第一台输送机，然后依次向后停止各台输送机。

3. 带式输送机的常见故障与排除 常见故障与排除方法见表 3-1。

表 3-1 带式输送机的常见故障与排除方法

故障	发生原因	排除方法
输送带跑偏	1. 驱动滚筒和张紧滚筒(或头尾滚筒)不平行 2. 托辊中心线与输送机中心线不垂直 3. 输送带接头不正 4. 进料位置与输送带不对中 5. 机架不平	1. 调整驱动滚筒或张紧滚筒使之平行。输送带向右偏,将驱动滚筒或张紧滚筒右侧调开;反之应将左侧调开 2. 将跑偏一边的托辊支架,顺着输送带运动方向向前调 3. 重新接正接头 4. 调整进料位置 5. 将机架放平
输送带打滑	1. 输送带张力不够 2. 滚筒表面太光滑 3. 滚筒轴承转动不灵 4. 输送带过载	1. 调节张紧装置,将输送带拉紧 2. 可在滚筒表面覆一层胶材 3. 拆洗轴承,给轴承加油,必要时更换轴承 4. 减小输送量
轴承发热	1. 缺油 2. 油孔堵塞,轴承内有脏物 3. 轴瓦或滚珠损坏 4. 轴承安装不当	1. 加油 2. 疏通油孔,拆洗轴承 3. 更换轴瓦或轴承 4. 重新调整安装
托辊不转	1. 输送带未接触托辊 2. 轴承缺油、太脏或损坏	1. 调整托辊位置 2. 加油、拆洗或更换轴承
输送带撕裂	1. 物料中有大型带尖角异物(如金属零件、竹片等)混入 2. 输送带跑偏后与其他零件接触引起撕裂	1. 加强管理,及时清出混入的异物 2. 发现跑偏应及时纠正
输送带接头撕裂	1. 接头质量太差 2. 张紧装置调节过紧 3. 输送带垂度过大	1. 按要求重新连接接头 2. 放松张紧装置 3. 调整输送带长度

二、刮板输送机

刮板输送机是借助于牵引构件(一般为链条)上刮板的推力作用,使散状物料沿着机槽移动,从而输送物料的连续输送机。刮板输送机可以水平、倾斜或垂直输送物料,输送物料时,刮板链条全部埋在物料之中,又被称为“埋刮板输送机”。刮板输送机的优点是结构简单,造价低廉,可以沿整个长度方向多点进料或卸料,使用灵活。缺点是由于物料、刮板和机槽之间存在摩擦,动力消耗较大,且机槽容易磨损。

按照物料的输送方向,可将普通刮板输送机分为水平型、倾斜型和混合型。刮板输送机输送物料的倾斜角通常不超过 35°,因为随着倾角增大,它的生产率会大幅下降。由于刮板输送机输送物料时阻力较大,受链条强度的影响,其长度一般被限制在 80 米以内。

(一)结构与工作原理

图 3-3 是普通刮板输送机的结构示意图。牵引链条 1 上固定着刮板 2,刮板可以在机壳 4 内沿着料槽循环运动。机壳上方开设进料口,下方开设卸料口,牵引链条环绕在驱动链轮 3 和张紧轮 7 上。链条的上部分支为无载分支,下部为有载分支。为了防止链条的无载分支下垂,其下方装设托辊 5,为了防止链条的有载分支上浮,其上方装设压辊 6。

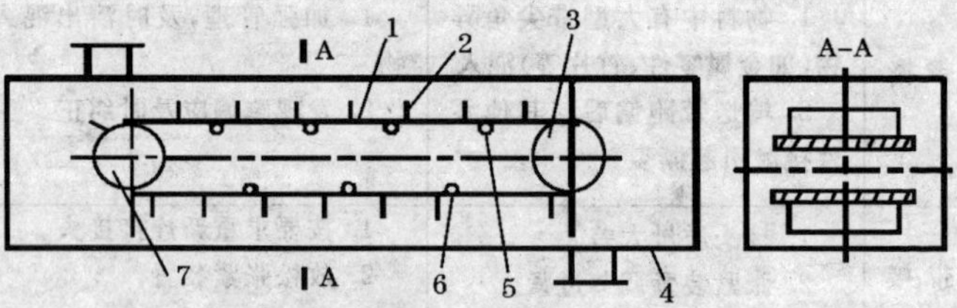

图 3-3 普通刮板输送机

1. 牵引链条 2. 刮板 3. 驱动链轮 4. 机壳 5. 托辊 6. 压辊 7. 张紧轮

普通刮板输送机工作时，物料从进料口流入机壳，在刮板的推动下进入料槽。当物料受到的刮板推力足以克服料槽和物料之间的摩擦力时，物料由刮板推动向前运动，并从料槽底部的卸料口卸出。根据输送方案的需要，可以在机壳上开设多个进料口，物料可以从多个位置进料；也可以在机壳底部开设多个卸料口，在卸料闸门的配合下，从需要的任意卸料口卸出。

(二)名称型号

刮板输送机的产品型号由专业代号、品种代号、型式代号和产品的主要规格组成，专业、品种、型式代号均用汉语拼音字母的大写表示，规格以机槽宽度表示。

如：

T GS S 20

- 20——产品规格：机槽宽度(厘米)
- S——型式代号：水平型
- GS——品种代号：刮板输送机
- T——专业代号：粮油通用机械

型式代号中：S——水平型，C——垂直型，Z——Z 型，K——扣环型，U——U 型，饲料行业中，水平型和 U 型刮板输送机使用最为普遍。

(三)刮板输送机的安装、操作与故障维修

1. 刮板输送机的安装　刮板输送机的安装一般首先从头到尾组装机壳，再安装链轮、刮板链条以及传动装置等。安装时，各段机槽导轨及法兰接口应平整、密合。如有错位，只允许在刮板链条运行前方的导轨及法兰口稍低，且错位量不大于 2 毫米。

在整机安装后，驱动装置的大小链轮中心面应重合，其误差值不得超过两轮中心距的 0.2%。

刮板链条运行方向必须正确；刮板链条松紧度要合适，机尾张紧装置的已利用行程不得超过其全部可用行程的50%。

刮板输送机可以安装在地面，也可安装在地坑内或空中。安装在地坑内时，要特别注意地坑的防尘、防水，应有排水措施，刮板输送机两侧要留出适当部分以便清理积料和检修设备。安装在空中时，其空中走廊的设置要求与带式输送机相同。

2. 刮板输送机的操作 使用刮板输送机时，要注意对物料特性的控制，对每批物料要注意检查粒度和含水率，不能输送不合规定的物料。

每次启动后，要先空载运行一段时间，待设备运行完全正常后才能加料。加料时，要注意加料的均匀性，不能使刮板输送机过载运行。

除非出现故障等特殊情况，不要在物料没有输送干净时停车。特殊情况下负载停车后，要将机内物料基本清空后才能重新启动。

在刮板输送机运行过程中，没有特殊情况不要打开壳体上的盖板。壳体上的观察盖在观察后应及时关闭。在运行过程中，要定期观察其运行状态，发现有异常的尖叫声、卡碰声或有链条短暂急停现象，应及时停车，查明故障并予以处理。

刮板输送机运行过程中，严禁将头、手或身体其他部位伸入机槽内部，要注意防止将身上的衣物、头发等伸入机槽。检查链条的松紧度应在停机状态下进行。

3. 带式输送机的常见故障与排除

常见故障与排除方法见表3-2。

表 3-2　带式输送机的常见故障与排除方法

故　障	发生原因	排除方法
刮板链条跑偏	1. 驱动轮、尾轮及导轮、托轮不正 2. 各轮轴不平行 3. 尾轮两端张紧程度不一致	1. 调正 2. 调整使各轮轴均与机身纵向中心线垂直 3. 调节张紧装置，使尾轮两端张紧程度一致，并使尾轮轴与机身纵向中心线垂直
链条断裂	1. 选用的链条强度不够或链条有质量问题 2. 链条销轴上的开口销磨损，使销轴脱落 3. 输送物料中混入大块物料或铁块，将链条卡住造成过载而断裂 4. 安装不当或运行振动、撞击，使连接各段料槽的法兰或机槽导轨出现上下、左右的较大错位，卡住链条而断裂	1. 选用符合要求的链条 2. 更换销轴 3. 清除异物，并在进料口设置格栅 4. 重新安装，使机槽导轨、各段机槽连接法兰处平整无错位
堵　塞	1. 进料不均匀或大杂混入机槽 2. 排料不畅 3. 链条断裂	1. 调整进料，防止大杂进入机槽 2. 及时排料 3. 查明断链原因并予以排除
输送阻力增大	1. 输送速度过大 2. 机槽磨损变形或错位 3. 过载	1. 改变传动装置，调整输送速度 2. 修复机槽 3. 排除过载

三、斗式提升机

斗式提升机又称斗提机，是一种垂直向上输送粉状、粒状或小块状物料的连续输送机械，在粮油、饲料行业使用非常广泛。斗式提升机以胶带或链条作为牵引构件，用安装在胶带或链条上的畚斗来承载输送物料。斗式提升机的优点是构造简单，外形尺寸小，提升高度可达 50～70 米，生产能力强，生产范围大。缺点是对过载敏感，必须均匀进料。

（一）结构与工作原理

图 3-4 是斗式提升机的结构示意图。在机筒 5 内，牵引构件即提升带（或链）3 回绕驱动轮和张紧轮，牵引构件上按一定规格等间距用螺栓固定着畚斗 4。由驱动轮 1 和轴、轴承、传动装置以及带卸料口 2 的外罩组成机头，由张紧轮 6 和相应的轴、轴承、张紧装置以及带进料口 7、8 的外罩组成底座。

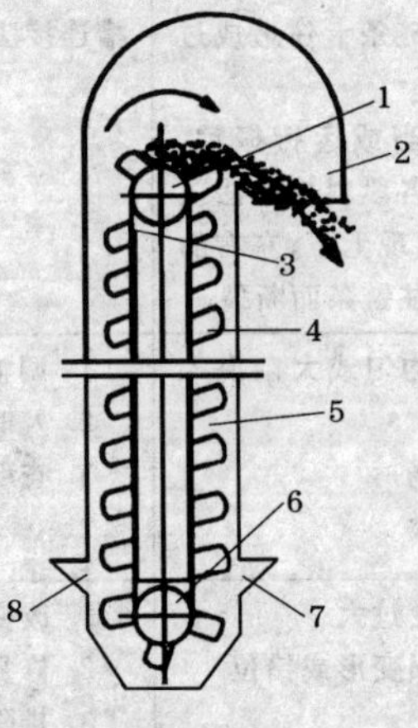

图 3-4　斗式提升机

1. 驱动轮（头轮）　2. 卸料口　3. 提升带（或链）　4. 畚斗
5. 机筒　6. 张紧轮（底轮）　7. 顺向进料口　8. 逆向进料口

斗式提升机工作时，驱动轮在驱动装置作用下按图 3-4 中所示方向旋转，并带动提升带运动。物料在重力作用下由进料口进入底座内，提升带上的畚斗在底座中装载物料后随提升带一起被提升。到达驱动轮顶端时，畚斗中的物料在重力和离心力作用下卸出，并从卸料口排出。

根据物料的进料方向和提升带的运动方向的关系，将斗式提升机的进料分为顺向进料和逆向进料（如图 3-5）。进料方向和提升带运动方向一致时为顺向进料，相反时为逆向进料。逆向进料时，畚斗开口迎向物料，物料可以直接被装入畚斗；而顺向进料时，物料只能在提升机机座底部被畚斗“挖取”装入。因此，顺向进料口要设置在提升机底轮中心轴线以上，而逆向进料口要设置在底轮中心轴线以下。顺向进料一般用于粒度较大的物料如玉米、小麦等原粮的输送，而逆向进料一般用于粉状物料的输送。

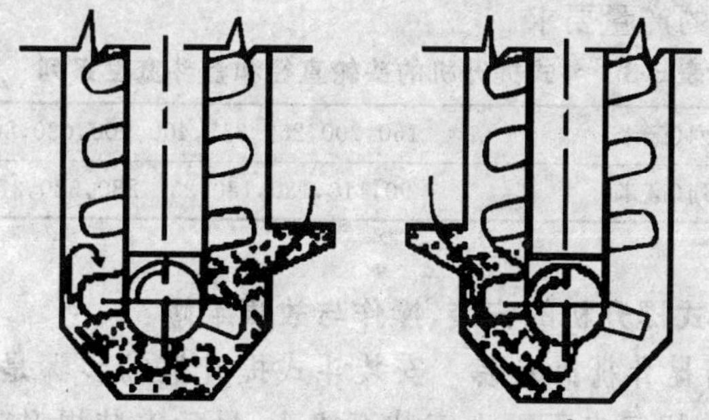

图 3-5 斗式提升机进料方法

a. 顺向进料 b. 逆向进料

根据卸料时物料所受到的离心力和重力的关系，可将斗式提升机的卸料方式分为重力式、离心式和混合式三种。重力式卸料时，物料所受的重力大于离心力，这时物料主要依靠自重从畚斗中流出；离心式卸料时，物料所受到的离心力大于重力，这时物料主要是由于受到离心力的作用从畚斗中被抛出的；混合式卸料方式介于上述两种卸料方式之间。离心力和重力的关系，由提升带的线速度决定，线速度越高，离心力越大。采用何种卸料方式，主要取决于畚斗型式和物料类型。一般，流动性好且不怕破碎的物料选用离心式卸料，流动性差的物料选用重力式卸料，浅斗、无底畚斗输送可选用离心式卸料，而深斗输送宜选用重力式卸料。

(二)名称型号

斗式提升机的型号表示为“TDTG 头轮直径/畚斗宽度”，其中，T 为粮油通用机械专业代号，DT 为斗式提升机品种代号，G 表示固定式，规格参数头轮直径×畚斗宽度的单位为厘米。如 TDTG 40/28，表示该机为粮油通用机械斗式提升机，其头轮直径为 40 厘米，畚斗宽度为 28 厘米。斗式提升机的头轮直径和畚斗宽度可以从表 3-3 中选取。不同的头轮直径和畚斗宽度搭配，可以实现不同的产量要求。

表 3-3　斗式提升机的头轮直径和畚斗宽度系列

头轮直径系列(毫米)	160,200,250,315,400,500,630,800
畚斗宽度系列(毫米)	90,110,130,180,230,280,320,370

(三)斗式提升机的安装、操作与故障维修

1. 斗式提升机的安装　安装斗式提升机的步骤是先固定好机座，然后将机筒自下而上安装至机头，最后安装提升带(预先将畚斗安在提升带上)，机筒法兰连接处用橡胶作为密封圈。

机座固定在基础预制的地脚螺栓上，安装过程中，需用水平仪对机座安装是否水平进行校验。机筒的安装要求机身全高的垂直度与扭曲度偏差不大于 8 毫米，头轮轴对水平面的平行度误差不大于 0.3 毫米，底轮轴与头轮轴应位于同一铅垂面内，扭曲度应不大于 7 毫米。

将提升带预拉伸后，在上面按规定间距打孔安装畚斗，然后将提升带由提升机的机头放入，绕过头轮和底轮，由检修门拉出，再拉紧，连接好接头。安装提升带过程中，张紧装置应将底轮调至最高位置。

2. 斗式提升机的操作　斗式提升机必须空载启动，禁止在底座内堵塞时强行启动提升机。进料必须均匀，出料管必须通畅。若发生堵塞，应立即停车，清除堵塞并排查造成堵塞的原因后方能重新启动。

提升机运转时，提升带应在机筒正中间，如有跑偏现象或因提升带松弛造成抖动过大，而与机筒发生擦碰的，应及时调整。应定期检查提升带的张紧程度、畚斗固定螺栓的紧固程度，发现问题及时处理。

停机应等提升机将底座内物料输送干净并卸料完成方可进行。

3. 斗式提升机的常见故障与排除方法

常见故障与排除方法见表 3-4。

表 3-4　斗式提升机的常见故障与排除方法

故　障	发生原因	排除方法
堵　塞	1. 操作不当 2. 进料不均匀 3. 提升中撒料过多 4. 回料过多 5. 提升带打滑	1. 按正确规程操作 2. 保持进料均匀 3. 张紧提升带，减少抖动，做到稳定提升 4. 找出原因，尽量减少回料 5. 张紧提升带
回料过多	1. 卸料方式与被输送的物料不对应 2. 畚斗型式与被输送的物料不对应 3. 畚斗型式与卸料方式不对应 4. 机头外壳形状、尺寸与卸料方式不对应 5. 卸料口挡板位置不对 6. 带速过快或过慢 7. 排料不畅	1. 根据物料特性选择卸料方式 2. 根据物料特性选择畚斗型式 3. 按要求选择畚斗型式和卸料方式 4. 重新设计，按卸料方式改变机头外壳性状与尺寸 5. 调整挡板，使其低于头轮边缘 6. 调整带速 7. 疏通排料管

续表 3-4

故　障	发生原因	排除方法
堵　塞	1. 进料不均匀或大杂混入机槽 2. 排料不畅 3. 链条断裂	1. 调整进料，防止大杂进入机槽 2. 及时排料 3. 查明断链原因并予以排除
提升带打滑	1. 过载 2. 张紧力不够	1. 减少进料量 2. 张紧提升带
输送量下降	1. 提升带打滑 2. 进料量不够 3. 回料量过多 4. 畚斗破损	1. 查找打滑原因并予以排除 2. 增大进料量 3. 查找回料原因并予以排除 4. 定期检查畚斗完好情况，及时更换破损畚斗
电机负荷增大	1. 轴承安装倾斜 2. 轴承内太脏、缺油 3. 轴承损坏 4. 回料过多 5. 提升带张紧力过大	1. 重新安装轴承 2. 清洗轴承、加油 3. 更换损坏轴承 4. 查找回料原因并予以排除 5. 放松张紧装置
粮粒破损率大	1. 畚斗外缘锋利 2. 粮粒落入提升带与底轮之间被压碎 3. 回料量过多	1. 畚斗口要卷边 2. 输送粒状料尽量采用逆向进料；控制进料量，降低机座内物料高度 3. 查找回料原因并予以排除
提升带跑偏	1. 头轮轴水平度超标 2. 底轮轴与头轮轴不平行	1. 调整头轮轴水平度 2. 调整底轮轴与头轮轴平行度
机内有异常响动	1. 提升带跑偏擦碰机筒 2. 畚斗带抖动使畚斗与机筒发生碰撞 3. 畚斗固定螺栓松动，畚斗脱落损坏 4. 有异物掉入机内 5. 畚斗与挡板间隙过小，发生擦碰	1. 调整张紧螺杆 2. 适度调紧张紧螺杆 3. 紧固畚斗螺栓，更换损坏畚斗 4. 停机清除 5. 调整挡板位置
灰尘过大	1. 除尘风网效果不好 2. 机壳破裂	1. 查找原因，排除 2. 及时修补

四、气力输送装置

(一)气力输送装置的形式

气力输送是利用风机在管道内形成一定流速的空气来输送散体物料的方法,可以代替前述的机械输送和装卸任务。它广泛使用在港口码头,也用于粮食和饲料企业的库房贮藏作业。

常用的气力输送装置,根据其设备组合形式不同,可分为吸送式、压送式和混合式三种类型(如图 3-6)。

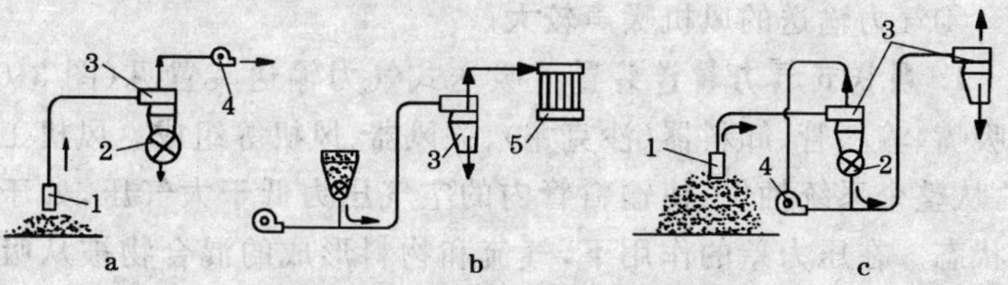

图 3-6　气力输送装置类型

a. 吸送式　b. 压送式　c. 混合式

1. 吸嘴　2. 关风器　3. 沙克龙　4. 风机　5. 除尘器

气力输送与机械输送相比具有如下优点:

①结构简单,设备费用较低,工艺布置灵活,易于实现自动化。

②物料输送在管道中进行,整个系统具有密封性,能有效控制粉尘,物料损失少,对环境污染小,同时被输送物料不会吸湿、污损和混入杂质,有利于保证物料的质量。

③装卸方便,可在输送的同时进行干燥、加热、冷却等工艺过程。

④采用气力输送,可以降低物料的温度,防止水分凝结,有利于控制物料水分。

⑤输送生产率高,可达每小时几百吨至 1 000 吨。如采用压

送式，输送距离可长可短，最长可达 1 000 米以上。

气力输送也有缺点，主要是：

①与机械输送设备比，能耗高，一般要高出几倍，致使物料输送成本增加。

②对被输送物料的颗粒大小、湿度、黏度有一定的限制，容易破碎的物料也不能采用气力输送。

③管道及其他与被输送物料接触的构件容易磨损，特别是管道弯头处磨损严重。

④气力输送的风机噪声较大。

1. 吸送式气力输送装置 吸送式气力输送装置见(图 3-6a)由吸嘴、输料管、卸料器(沙克龙)、关风器、风机等组成。风机工作时，从整个系统抽气，使输料管内的空气压力低于大气压，处于负压状态。在压力差的作用下，气流和物料形成的混合物被从吸嘴吸入输料管，经输料管送至卸料沙克龙中，在沙克龙内物料和空气分离，从底部的关风器卸出，空气则由沙克龙顶部出风口流出，经风机(或再经过除尘器净化)排入大气。

吸送式气力输送装置具有以下特点：

①输送系统处于负压状态(真空度不超过 5～6 个大气压)，工作时物料、粉尘不会外逸。

②供料装置简单方便，如将吸嘴接在软管上，可以实现多点吸料，实现多点向一处输送，但只能在一个地点卸料。

③适用于堆积面积广或存放在深处、低处的物料的输送。

④系统内真空度不能太高，否则会因空气稀薄而降低输送物料的能力，因此输送距离较短，一般不宜超过 200 米。

2. 压送式气力输送装置 该装置(见图 3-6b)是在正压(系统内压力高于大气压)状态下工作的。风机把具有一定压力的空气压入输料管中，供料器向输料管供料，空气携带物料沿输送管输送至卸料器卸出，空气则经过除尘器净化后排入大气。

压送式气力输送装置具有以下特点：

①适合于大流量长距离输送，最远可达1 000米以上；

②只能从一个地点进料，但可以装设分岔管道，同时将物料从一处输送到几个卸料点。

③系统内处于正压状态，能防止杂质进入本系统，但容易形成粉尘外逸。

④进入风机的是清洁空气，因而风机的工作条件较好。

⑤由于管内压力较高，需要采用结构比较复杂的供料装置才能将物料加入输料管中。

3. 混合式气力输送装置　该装置（见图3-6c）由吸送式和压送式两部分组成，具有两者的特点，可以从几个地方吸取物料，也可以将物料输送到多个地点，输送距离及输送适应范围较广。但整个系统结构复杂，风机工作条件较差。混合式气力输送装置一般被制成一个移动式机组。

五、叉　车

叉车是近年来发展最快的一种袋装物料转运车，使用叉车，可以降低劳动强度，提高转运效率，降低转运成本。

叉车的车体前方装有能前后稍微倾斜的门架和能够沿门架升降的货叉。使用时利用专用托盘承托袋装物料。货叉插入托盘的插口，升起货叉即可运输。运输时，门架稍微后倾，以增加托盘的稳定性。运到目的地后，将门架稍微前倾，并把托盘对准要码放的跺位，降低货叉便可将托盘码好。采用叉车运输，既可码跺，也可拆跺。

叉车的动力有内燃机和蓄电池两种。内燃机叉车是叉车的标准形式，缺点是噪声大，长期使用，烟尘对库房内物料有一定影响。蓄电池叉车噪声小，没有烟尘，但蓄电池容量有限，不能长时间连续使用，并且需要配备充电设备。

第二节 通风与制冷设备

一、通 风 机

通风是指用外部空气置换粮堆内的空气，以改善贮藏条件。通风分为自然通风和机械通风两种。自然通风利用粮堆内部和外部空气密度差引起的热压差和风力造成的风压差促使外部空气进入粮堆内部，置换出粮粒间的空气。机械通风是利用风机产生的压力，将外部空气送入粮堆，实现空气置换。通风机是机械通风必备的设备之一。常用的通风机有离心风机和轴流风机两大类。

(一)离心风机

1. 离心风机的构造与工作原理 离心风机的构造如图 3-7。它的主要部件是机壳、叶轮、机轴、吸气口和排气口，此外还有轴承、底座等部件。离心风机的传动方式有直联传动和皮带传动两种。直联传动时，离心风机的转速只能与电机转速一致，而皮带传动则可通过改变主动或从动皮带轮的大小来改变离心风机的转速。一般，小型风机用直联传动，大型风机用皮带传动。

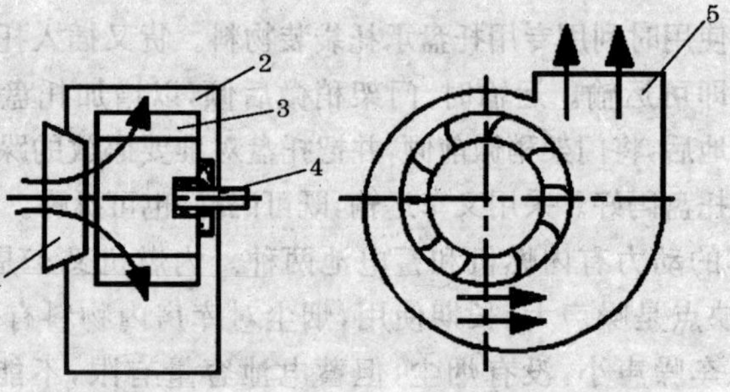

图 3-7 离心风机的结构

1. 吸气口 2. 机壳 3. 叶轮 4. 机轴 5. 排气口

工作时，离心风机的叶轮在电动机的带动下高速旋转，叶片间的空气随着叶轮旋转获得离心力并从叶轮中甩出，空气从叶轮中甩出后汇集到机壳中，由于速度变慢，压力增高，空气便从风机出气口排出。叶轮中空气被甩出后，叶片间形成负压，吸气口外面的空气在大气压作用下又被压入叶轮中。离心风机就是在这样的过程中将机械能转化为空气能，使空气获得速度和压力。

离心风机的机壳由钢板焊接而成，呈蜗形，有时也被称为蜗壳。蜗壳除具有导出空气的作用外，由于沿空气流动方向，壳体与叶轮之间的空间越来越大，从而可以将空气的动压能部分转化为静压能，达到能量转换和增压的作用。

叶轮是离心风机最关键的部件，由前盘、后盘、叶片和轮毂组成(图 3-8)。叶片焊接在前后盘上，后盘紧固在轮毂上，整个叶轮通过轮毂固定在机轴上。叶轮是高速旋转的部件，叶轮运转如果不能平衡，风机就不能正常工作。因此，叶轮在制造时要进行动平衡测试。

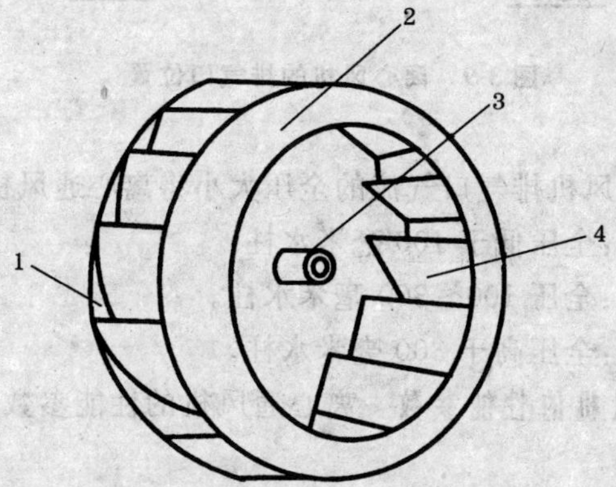

图 3-8 离心风机的叶轮

1. 后盘 2. 前盘 3. 轮毂 4. 叶片

吸气口的作用是将空气导向叶片，保证气流均匀地充满叶轮进口截面，减少涡流，降低流动损失。离心风机常用的进气口有4种：圆筒形、圆锥形、圆弧形、流线形。前两种结构简单，但效果不太好，流线形效果最好，但制造复杂。目前使用最多的是圆弧形。

为适应各种工作地点的布置要求，同一型号离心风机的排气口往往有多种位置。可用旋转方向和角度表示。从电动机一端正视，叶轮按顺时针方向旋转称为右旋风机，按逆时针方向旋转称为左旋风机(图 3-9)。

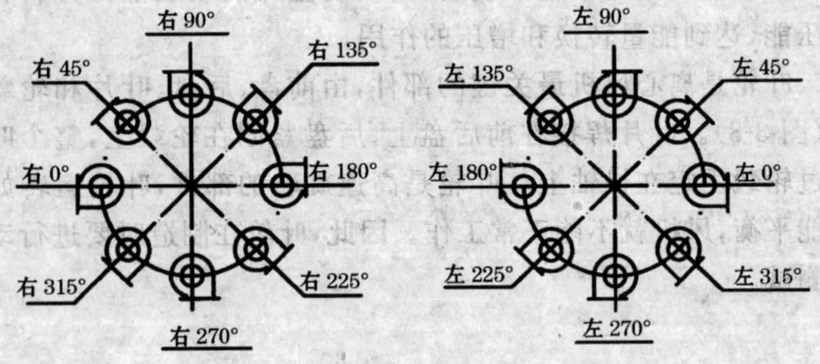

图 3-9　离心风机的排气口位置

按离心通风机排气口气流的全压大小将离心通风机分为：

低压风机：全压低于100毫米水柱。

中压风机：全压100～300毫米水柱。

高压风机：全压高于300毫米水柱。

2. 离心风机的性能参数　离心通风机的性能参数包括风量、风压和效率等。

(1)风量　风机单位时间内输送的空气量。常用米^3/时作为单位。离心通风机的风量Q与风机的叶轮直径、叶轮外沿圆周速度(转速)及流量系数有关。叶轮直径越大、转速越高，风量就越大。但风机的转速不能超过风机性能表中规定的最高转速。

(2)风压　风机风压是指空气经过风机之后其全压(动压力和静压力之和)的增加值,即风机风压等于进口空气与出口空气的全压之差。因此,将风机风压习惯上称为风机全压,单位为毫米水柱或帕(斯卡)。风机全压与风机转速有关,适当提高风机转速,可以提高风机的全压。同一台风机,流量与全压之间存在一定的关系,流量增大时全压会降低,全压增大时流量会降低。因此当通风系统阻力提高时,为了克服阻力,风机的全压会增大,此时风机的流量就会降低。

(3)效率　风机效率反映风机工作的经济性。效率越高,经济性越好。风机效率与风机的工作全压和流量有关。每台风机都有一个高效率工作区,当风网需要的全压和流量处在这个工作区对应的全压和流量范围时,风机效率较高,经济性好。如果风网需要的全压和流量不在这个范围内,则风机的工作效率会降低,因此,这个范围也被称为经济使用范围。风机不同全压和流量下的工作效率可以从风机手册中查出。

3. 离心风机的型号

离心风机的型号编制方法举例如下:

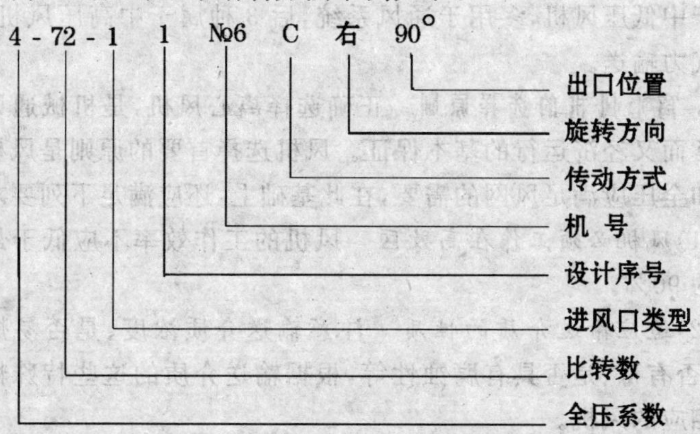

(1)全压系数　常用离心风机的全压系数有 4、6 和 9 三种，实际上这是风机的压力系数乘以 10 后化整的数字。全压系数越大，风机的全压越高。

(2)比转数　指风机在最高效率下，风量、风压与转速的关系。同样转速下，比转数大的风机，风压较小，风量较大；比转数小的风机，风压较大，风量较小。

(3)进风口类型　0 表示双侧吸风，1 表示单侧吸风，2 表示二级串联吸风。其中，常见的是单侧吸风。

(4)设计序号　仅供厂家对风机结构有重大调整时使用。

(5)机号　机号中的数字表示风机叶轮的分米数，如№5 表示风机叶轮直径为 5 分米即 500 毫米。机号越大，风机的风量越大，所需要的功率也越大。

(6)传动方式　传动方式共有 6 种，其代号从 A 至 F，常用的是 A 表示直联传动，C 表示皮带传动。

(7)旋转方向　分左旋和右旋 2 种，其中以右旋最常用，因此如为右旋，“右”可以不写。

(8)出口位置　用角度表示，其规定见图 3-9。

常见的风机有 4-72 型、6-23 型、6-30 型、9-26 型等，其中 4-72 型属于中低压风机，多用于通风系统，后 3 种属于中高压风机，可用于气力输送。

4. 离心风机的选择原则　正确选择离心风机，是机械通风系统正常而又经济运行的基本保证。风机选择首要的原则是风机的流量和全压应满足风网的需要，在此基础上，还应满足下列要求：

(1)风机必须工作在高效区　风机的工作效率不应低于最高效率的 90%。

(2)适应输送介质的性质　注意输送介质浓度、是否易燃易爆、是否有毒、是否具有腐蚀性等，根据输送介质的这些特殊性质选用相应的风机。

(3)在同等工况下,首先选用低噪声风机　尽量选用低转速风机。一般,风机转速不宜超过3 000转/分,一般采用2 900转/分、1 450转/分等转速。

(4)使用性能好　使用性能指风机对风网变化的适应能力。

5. 离心风机的安装、使用　离心风机是一种比较精密的运转机械,安装质量的好坏会影响风机的性能、使用寿命以及使用的经济性。离心机的安装应注意以下几点:

①风机在安装前,必须对风机各部件进行检查,特别是应对叶轮主轴和轴承等主要部件细致检查,如发现损伤或部件装配不符合标准,应予以修理或调整。

②小型风机的重量较轻,动力较小,可以采用简单的钢结构基座,但大中型风机一般要求在地面上有永久性的混凝土基础。

③安装风机必须保证机轴的水平。采用直联传动的风机,风机轴与电机轴的不同心度误差要小于0.05毫米,连轴器端面的不平行度误差应小于0.01毫米,否则风机在运转过程中会产生剧烈振动。

④安装风机时,进风口管道可直接利用进风口本身的螺栓连接,但管道重量不应加在机壳上,应另加支撑。为了防止风机的振动被传递到管道上,风机进口一般采用软连接。

⑤风机安装完毕后,需用手或杠杆拨动转子,检查是否有过紧、过松或碰撞现象。检查确认后才能进行试运转。

风机的使用需注意以下几个方面:

①在风机进出口没有阻力时,电机会有烧坏的危险。因此,风机进风口应安装风门,在启动风机前将风门关闭,以降低启动电流,防止电机烧坏。当风机达到一定转速后,再将闸门慢慢开启,直到达到需要的工作状态。

②在风机启动、停车或运转过程中,如发现不正常现象,应立即停机检查。

③应定期清除风机及管道内部的粉尘、污垢，防止锈蚀。

④要定期更换润滑油。

(二)轴流风机

轴流风机的结构如图 3-10 所示。其主要部件有叶轮、筒形机壳、电动机、进风口和排风口。叶轮安装在筒形机壳中，电动机的轴直接与叶轮连接。轴流风机的空气是按轴向流过风机的，叶轮上的叶片是扭曲的。电机工作时，叶轮旋转，空气从进风口吸入，经过叶片获得能量，这时部分动能转变为静压，然后空气再经呈扩散状的排风口排出，进入通风管道。

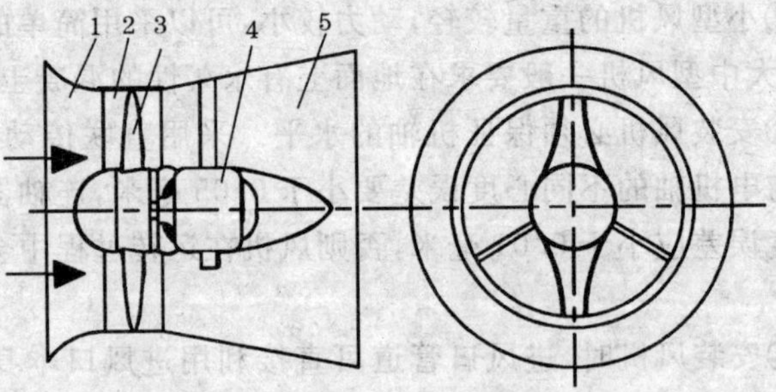

图 3-10　轴流风机结构图

1. 进风口　2. 机壳　3. 叶轮　4. 电机　5. 扩散形排风口

在贮藏饲料的库房通风系统中，广泛采用轴流风机。这种风机结构简单，价格低，使用方便。不用风管，直接将轴流风机安装在墙上的孔洞中，就可以实现库房的通风换气。

二、制冷设备

饲料的安全贮藏期限同一般农副产品一样，与其含水量和贮藏温度密不可分。表 3-5 是美国谷物化学学会推荐的粮食贮藏期，可供饲料贮藏借鉴。

表 3-5 粮食的安全贮藏期

粮食温度		粮食含水量(%)						
		14	15.5	17	18.5	20	21.5	23
华氏度(°F)	摄氏度(℃)	安全贮藏天数						
50	10	250	128	64	32	16	8	4
60	15.5	128	64	32	16	8	4	2
70	21.11	64	32	16	8	4	2	1
80	26.67	32	16	8	4	2	1	0
90	32.22	16	8	4	2	1	0	—
100	37.78	8	4	2	1	0	—	—

从表 3-5 中可以看出，温度和水分越高，安全贮藏期越短。过去国内一般采用低水分常温贮藏的方法，但采用这种方法很难控制库内的空气相对湿度，饲料在贮藏过程中由于水分丢失造成的损失大。低温贮藏是现代贮藏技术中较常用的一种，主要是通过控制温度使原粮处于一定的低温状态，增加原粮的贮藏稳定性。饲料行业采用的原粮包括玉米、小麦等都是具有生命的有机体，低温贮藏可以有效限制原粮的生命活动，减少贮藏过程中的损失。按所采用的冷源和机械设备的不同，获得低温的方法不同，低温贮藏可分为自然低温贮藏、机械通风低温贮藏和机械制冷低温贮藏。

机械制冷低温贮藏，是在隔热仓中利用一定的制冷或空调设备，使库房内的温度维持在一定的范围，并对库房内的空气实行强制流动。一个制冷系统包括制冷剂和制冷机。制冷剂目前仍以氟利昂为主，但氟利昂由于对臭氧层破坏大，正逐渐被一些环保型制冷剂所取代。制冷机通常由压缩机、冷凝器、膨胀阀和蒸发器四个主要设备及一些附属设备组成，全部机件均用管道连接，组成一个封闭的循环系统(如图 3-11)。

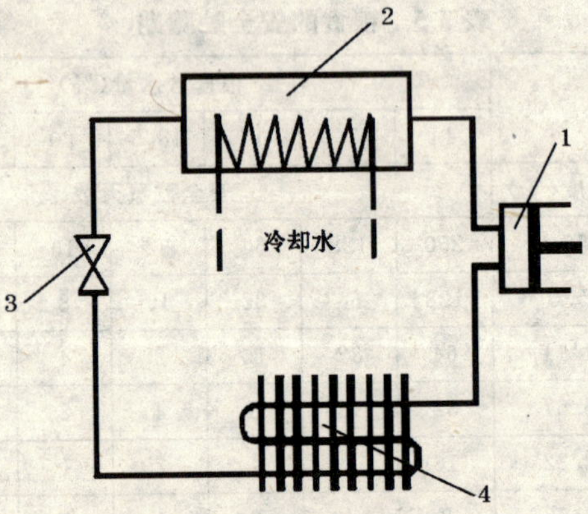

图 3-11　制冷机组成示意图

1. 压缩机　2. 冷凝器　3. 膨胀阀　4. 蒸发器

工作时,压缩机吸入气态制冷剂,并将其压缩成过热气体。过热气体进入冷凝器,被冷凝成液态,冷凝过程中,制冷剂放热。被冷凝的液态制冷剂经膨胀阀进入蒸发器,蒸发成为气态,蒸发过程中,制冷剂吸收外界环境的热量。气态制冷剂再进入压缩机,完成一个制冷循环。整个循环过程中,制冷剂从蒸发器所处的环境中吸收热量,降低其所处环境的温度,再将吸收的热量从冷凝器中放出,当蒸发器置于库房内,冷凝器置于库房外时,制冷机就能通过制冷循环实现降低库房内部温度的目的。

压缩机、冷凝器、膨胀阀和蒸发器这四个主要设备对于制冷循环起决定性作用,缺一不可,因此被称为制冷机的四大件。而其他设备如油分离器、干燥器、过滤器、回热器等则是为了提高制冷效果,改善制冷剂工作条件而设置的,在制冷系统中处于次要的辅助地位。

第四章　饲料贮藏技术

第一节　低温贮藏

一、概　述

低温贮藏主要是通过控制温度这一物理因子，使饲料处于一定低温状态，以增加饲料的贮藏稳定性；同时低温又能抑制虫霉生长、繁育，减缓贮料的变化速度，从而达到安全贮藏的目的。低温贮藏是现代贮藏技术中常用的一种技术。

低温贮藏具有明显的优越性，可以有效限制料堆生物体的生命活动，减少贮料损失，延缓饲料原粮陈化，使贮料安全度夏，同时具有不用或少用防霉防虫药剂、避免或减少污染、保持饲料卫生的特点。低温贮藏还可作为处理高水分饲料粮的一种应急措施。

研究和实践表明，15℃是饲料粮低温贮藏的理想温度。我国常将保持库温在 15℃以下的库房称为低温库；库温在 20℃以下的库房称为准低温库，库温在 25℃以下的库房称为标准化温库。

除了低温之外，影响饲料贮藏的另一个重要因子是含水量，只有根据饲料的不同含水量而采取不同的贮藏温度，才能达到安全贮藏的目的。根据资料，适宜的贮藏温度依饲料粮的含水量不同而异：含水量分别为 16%～17%、20%～21%、29%时，相应的适宜贮藏温度分别为 12℃～16℃、5℃～8℃、－6℃。

低温贮藏的关键在于获得较低的仓温、料温，它的实现依赖于一定的冷源，目前人类所能利用的冷源可分为自然冷源与人工冷源，根据获得低温的方法不同，可分为以下几类：

(一)自然低温贮藏

在贮藏期间单纯利用自然冷源,即通过自然条件来降低和维持料温,并配以隔热和密闭措施。自然低温贮藏按获得低温途径的不同,又可分为地上、地下和水下低温贮藏。饲料粮主要是地上低温贮藏。由于自然低温贮藏完全利用自然冷源,因此受地理位置、气候条件及季节的限制较大,其冷却效果常常不能令人满意。

(二)机械通风低温贮藏

通过机械设备(通风机)对料堆强制通入冷空气,使料温下降,增强其贮藏稳定性。机械通风贮藏仍然属于利用自然冷源的范畴,与自然低温贮藏一样,同样受到气候和季节性等的限制。但机械通风低温贮藏由于实行了强力通风,强制冷却,所以其冷却效果要优于自然低温贮藏,当然其运行费用也有所增加。自然低温贮藏和机械通风低温贮藏通常都在秋末冬初时进行。

(三)机械制冷和空调低温贮藏

在隔热仓中,利用机械或空调等制冷设备使料仓维持一定的低温范围,并使仓内空气强制性地循环流动,使料堆温湿分布均匀。机械制冷和空调低温贮藏利用人工冷源冷却饲料,因此不受地理位置和季节的限制,是饲料粮安全度夏的较理想途径,也是低温贮藏中贮藏效果最好的一种,但由于机械制冷及空调低温贮藏对仓房隔热性能要求较高,且设备价格也较贵,所以投资较大,运行费用也较高,因而其推广应用受到一定的限制。我国的机械制冷低温贮藏是在 20 世纪 70 年代以后发展起来的,主要用于解决粮食的安全度夏问题。

二、保温防潮技术和措施

不论是采取自然冷却,还是人工冷却,当仓外气温高、湿度大时,若仓库内无防御措施,仓温、料温及其水分,常因受到太阳辐射和大气温湿度的影响,使料温上升、仓湿增加。因此在低温贮藏过程中，为了减少外界高温和潮湿的影响，必须对普通料仓进行围护结构的改造，以提高保冷防湿的能力，满足低温贮藏对仓房的建筑要求。

（一）低温房库的建筑要求

1. 隔热保冷　隔热保冷是低温库能否实现低温贮藏的关键问题之一。理论计算表明，机械制冷低温贮藏时所需的制冷量，约有 1/3 是通过围护结构消耗掉的，这充分说明围护结构在隔热保冷上的重要性。一般料仓的隔热保冷措施是采用多层材料组成隔热围护结构，以降低外界向低温库房的传热量。良好的隔热结构能保持仓温、料温的稳定，并减少制冷机或空调机的开动次数，缩短其运行时间，减少运行费用。

2. 防潮隔气　由于低温仓内外温差较大，会引起仓内外水蒸气压差的增加，水蒸气有通过围护结构进入库内的趋势，这必然对低温仓围护结构防潮层提出严格要求。因此，在对普通仓房进行隔热改造的同时，还应对房顶、墙壁、地坪进行防潮处理，增设防潮层或对原防潮层进行修补完善，不留缝隙。常用的防潮材料为沥青和油毡，也可选用新型防潮材料。一般地区对围护结构进行二油一毡处理即可，潮湿地区可进行三油二毡处理。

3. 结构坚固　低温库房的围护结构是由多层材料组成的，要注意各层材料间在结构上应有坚固的拉结，以防在低温库使用期间，由于仓内外温差而使其结构变形，影响仓房的保冷防潮性能和使用寿命。

4. 经济合理　在低温贮藏措施中，库房改造、设备购置的投资较大，低温库使用中的运行费用也较高。因此，在低温库建设中，所用材料、设备等的选择均要因地制宜，就地取材，充分考虑经济性，提高低温贮藏的经济效益。

（二）隔热材料

导热系数小于 0.23 瓦/米·度，容重小于 1 000 千克/米^3 的建材称为隔热材料或保温材料。

1. 选择条件 选择隔热材料应考虑以下条件：

(1)导热系数小 一般低温库使用的隔热材料的导热系数应在0.024～0.14瓦/米·度之间，以保证其隔热性能。

(2)容重小 隔热材料之所以具有较小的导热系数和它的多孔性结构有关，而多孔性材料其容重就小，所以隔热材料的容重也能在一定程度上说明其隔热性能，良好的隔热材料多为孔隙多、密度小的轻质材料。例如，膨胀珍珠岩容重为90千克/米^{3}时，导热系数仅为0.045瓦/米·度。

(3)材料本身不易燃烧或可自熄 隔热材料最好具有较好的耐火性、安全性，在发生火灾时，火势不致沿隔热材料蔓延至它处和产生有毒气体。比如，有一种可熄性聚苯乙烯泡沫塑料在离开火焰后2秒钟内可自行熄灭，比较安全。

(4)机械强度高 这主要是对预制板材的要求，板材应在使用一定时间后不出现变形、挠曲、凹陷、凸起和剥脱等现象，机械强度高的隔热材料还可简化施工中的支撑结构，降低施工费用。

(5)其他性能 隔热材料应具备一定憎水性，不易吸水，此外还应具备不易霉烂，不易被虫蛀、鼠啃，无毒安全，价格低廉，采购方便，施工方便等特点。

2. 常用隔热材料简介

(1)稻壳(砻糠) 因其价格低廉、容易获取，被广泛应用在低温的隔热结构中，尤其在外墙中应用最多。

稻壳的干容重为150千克/米^3，其导热系数在0.093～0.16瓦/米·度之间变化(随含水量不同而变化)。其主要缺点是憎水性差，吸湿性强，易生虫、霉烂，易被鼠咬，在使用期间还易密实、下沉。因此，在使用之前应将稻壳充分晒干，充填时力求密实，在使用中要定期检查，发现沉陷应及时填充。此外，使用若干年后应将稻壳更换或取出晒干后再填充到机构中，以保证其隔热性能。

(2)膨胀珍珠岩　它是目前我国低温库、民用住宅、工业建筑中常用的散粒状隔热材料，它是以珍珠岩、黑曜岩等为原料，经过粉碎、熔烧(1 180℃～1 250℃)，使内部所含结晶水及挥发性成分急剧汽化，体积迅速膨胀并冷却成为白色松散颗粒状的膨胀珍珠岩(为原体积的 7～30 倍)。珍珠岩具有容重小、隔热性能好，无毒、无味、无刺激等特点。能避免虫蛀、霉烂、鼠咬，且不燃烧，来源丰富，价格低廉，常用于低温库外墙和仓顶的隔热。其缺点是吸水率较高，吸水量可达自重的 2～9 倍，容重越小其吸水率越高。吸水后其强度和隔热性能迅速下降，因此在使用中应保持干燥。根据珍珠岩的性能不同，将产品分为三类，见表 4-1。

表 4-1　膨胀珍珠岩性能

指标	单位	产品分类		
		Ⅰ	Ⅱ	Ⅲ
容重	千克/米³	<80	80～150	150～200
粒度		粒径>2.5 毫米的不超过 5%；粒径<0.15 毫米的不大于 8%	粒径<0.15 毫米 ≤8%	粒径<0.15 毫米的>8%
导热系数	瓦/米·度	<0.052	0.052～0.064	0.064～0.076
含水率	重量百分比	<20%	<20%	<20%
使用温度	℃	800	800	800

(3)膨胀蛭石　它是以蛭石为原料，经烘干、破碎、焙烧(900℃～1 000℃)，在短时间内体积急剧膨胀(约 20 倍)，成为由许多薄片组成的、层状结构的松散颗粒。它具有与珍珠岩一样的特征，也是一种很好的保温材料。其性能：容重为 80～120 千克/米³，导热系数为 0.05～0.07 瓦/米·度，耐碱不耐酸，吸水性较大，使用温度高达 1 000℃～1 100℃。蛭石按其焙烧后的体积膨胀倍数分为四级：一级膨胀倍数大于 8 倍，二级为 6～8 倍，三级为

3～5倍，四级小于3倍。

(4)聚苯乙烯泡沫塑料　泡沫塑料是以各种树脂为原料，加入一定量的发泡剂、催化剂、稳定剂等辅助材料，经加热发泡膨胀而制成的一种新型轻质隔热材料。用作隔热保温的泡沫塑料可分为硬质和软质两种，在围护结构中使用的泡沫塑料均属硬质泡沫塑料，且常为预制板材。目前，应用较普遍的是聚苯乙烯硬质泡沫塑料（亦称可发性聚苯乙烯），它又可分为自熄性和非自熄性两种，在隔热结构中以用自熄性为宜。这种材料的优点是隔热保温性能好，导热系数常在0.034瓦/米·度左右，容重小，有一定的憎水性，抗压强度高，不易腐烂变质，施工方便，不生虫霉，还防鼠咬。

在聚苯乙烯的使用中要特别注意板块间的连接（黏接、搭接或两种方法同时使用），施工时一定做到连接严密，不留缝隙。

聚苯乙烯泡沫塑料的冷收缩现象较明显，吸水率亦较大，且使用温度最高不得超过75℃，此外在使用和存放时应避免长期受阳光的照射，防止老化，以延长使用寿命。

(5)硬质聚氨酯泡沫塑料　该塑料容重20～50千克/米^3，导热系数为0.022～0.042瓦/米·度，抗压强度为1.5～2千克/厘米^2，隔热性能好。可以预制，也可现场发泡；可以喷涂，也可灌注成型，还可根据不同使用要求配制不同密度、不同强度、不同耐热性（使用温度70℃～160℃）的泡沫体，适于快速施工。由于黏结牢固、密实、内外无接缝，能保证隔热效果，既减少了隔热层厚度，又减少了施工工序，是一种很有前途的隔热材料，但价格较高。

(6)铝箔波纹纸板　在低温库建造中，为了不减少仓容，可使用反射性隔热材料，如铝箔波纹纸板。该材料是以高强度的波形纸与工业牛皮纸做成三层或五层波纹形瓦楞纸板，上贴一层厚0.008～0.014毫米的铝箔而制成。其隔热性能是由波纹间的空气薄层与能反射热射线（反光系数为83%、太阳辐射热吸收率为17%）的铝箔发亮表面的共同作用形成的。若将空气层包括在内，其导热系数为 0.04 瓦/米·度(本身导热系数为 0.063 瓦/米·度)。这种材料具有重量轻(235 千克/$米^3$)、隔热保温防潮效果好(48 小时吸湿率为 $0.7\times10^{-3}\%$),具有一定刚度、造价低廉、构造简单、取材容易、施工方便等优点。

铝箔波纹纸板可以固定在钢筋混凝土面板下或木屋架下,作为保温隔热顶棚(仓房吊顶)使用。

(三)隔热结构

低温库的隔热结构是保证库内外温差的基础,也是限制和减少由围护结构传入热量的关键,尤其在夏季,隔热结构的好坏,直接影响着贮料温度的波动和制冷设备的运行时间,即隔热结构的完善与否决定着贮料效果和低温贮料的费用。

目前,国内外采用的隔热结构有静态隔热与动态隔热两种。我国低温库中常采用的隔热结构为静态隔热,它采用由多层材料组成的围护结构(屋顶、墙体和地坪)来隔热保冷。

1. 墙体　目前国内低温料库的隔热墙结构多为夹心墙,在其结构中,除了隔热层,还必须设置防潮层,而且防潮层应设置在隔热层的高温侧,如图 4-1。

目前国内常用的防潮材料有两种:一种是沥青加油毡组成的防潮材料,如两油一毡,三油两毡等,这类防潮材料在低温料库中应用的较广泛,防潮效果良好,其缺点是施工较麻烦。另一类是塑料薄膜,其特点是施工方便,价格低廉,但易老化,易脱焊脱胶,一般在墙体中应用较少。

2. 屋顶　低温料库的屋顶隔热结构最常见的有两种形式:直贴式和阁楼式。

(1)直贴式　在原有仓顶的基础上直接将防潮层和隔热层粘贴或连接固定上去,因为通常库房屋顶均具备防潮层,所以一般只将隔热材料固定在屋顶内表面即可,工程量较小;如果选用板型隔热材料(如聚苯乙烯泡沫塑料),则施工更方便,但原仓库屋顶必须平滑整洁，无横梁阻挡，其结构见图 4-2。

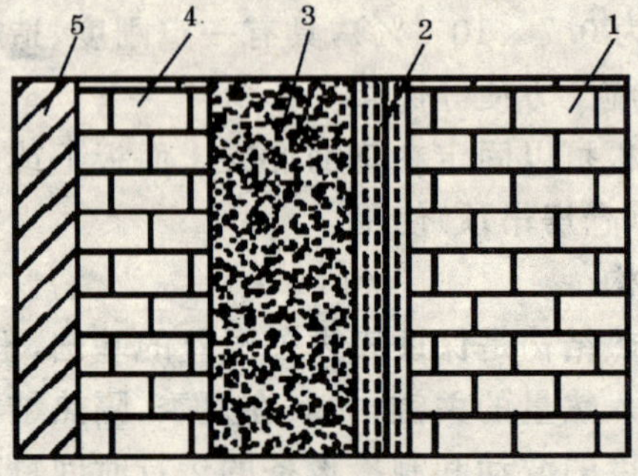

图 4-1 隔热结构

1. 外墙 2. 防潮层 3. 隔热层 4. 内墙 5. 内修饰面

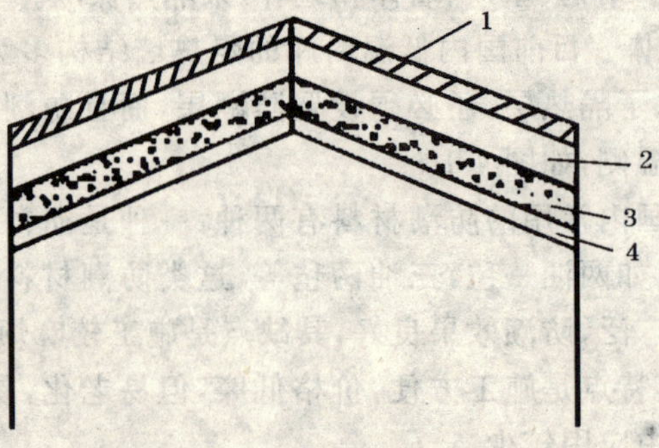

图 4-2 直贴式屋顶

1. 原屋顶 2. 防潮层 3. 隔热层 4. 内修饰面

（2）阁楼式　利用阁楼层使屋顶与库房隔开，并在两者之间留下空气隔热层，这样更有利于降低室外温度影响和太阳辐射进入库内的热量，提高了隔热效果。这是目前低温库普遍采用的一种屋顶隔热结构，其隔热效果优于直贴式，并适用于原仓顶内表面不平滑或有梁阻挡等情况。但这种结构的实质是新建一个顶棚，施工量较大、用材料多。考虑就地取材，用价格低廉的材料，如南方可采用竹笆，北方可用荆笆。资金充裕的情况下，可选用装饰材料来建新顶棚，如纤维板、胶合板、压缩板再配合一些板槽或铝合金槽，不仅结构坚固，而且美观干净。在此结构中防潮材料常用塑料薄膜，它既可防潮，又可防止颗粒状隔热材料的飞溅流失。其结构见图 4-3。

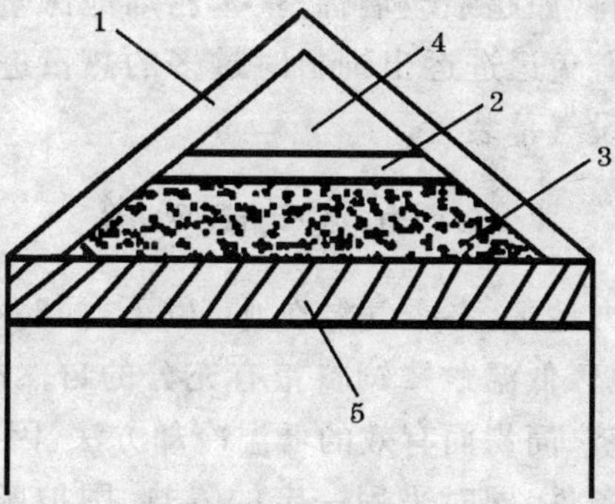

图 4-3　阁楼式屋顶

1. 原屋顶　2. 防潮层　3. 隔热层　4. 空气层　5. 新建顶棚

(3)地坪　冷库地坪大致可分为两种：一种称为高温库地坪(指库温在 0℃以上)，另一种称为低温库地坪(指库温在 0℃以下)。通常的低温料库库温在 15℃左右，因此其地坪应属于高温库地坪，此类地坪无须设置隔热层，而以防潮为主。防潮层主要是防止水分因毛细管和气压差作用而渗透到地坪和库内。一般防潮层以二油一毡即可，但此防潮层应与墙体防潮层连接，不得留有缝隙。有时为了提高地坪的隔热性，也可采用炉渣作为隔热层，炉渣厚度为 500 毫米。

(4)门、窗　低温库以密闭为主，应将多余的门窗封死，将库内侧用适当的隔热材料堵塞，仅留一门供运出饲料使用。门是可以活动、启闭的隔热围护结构，应采用双层隔热仓门，制作时选用强度高、质轻、耐低温、隔热性能好和不易变形的材料，而且隔热层应有足够的厚度，在门边缘还应装有密封条，利用其弹性，使缝密闭。当门的尺寸较大时，应在门右下方开一个小门，供操作、检验人员出入，而大门应尽量少开，防止过多的热量从门进入库内。一般选用铝合金或白铁皮按门的尺寸做好一个具有一定厚度的壳子，中间填充隔热材料（如超细玻璃棉、聚苯乙烯泡沫塑料、膨胀珍珠岩等）。此外，为避免运进运出饲料时过多的热量进入低温库，最好在门的上部装设气幕装置。

三、自然低温贮藏

在我国北方地区，冬季气温在0℃以下，同时空气相对湿度也较低，在这些地区低温贮藏饲料粮有充分的自然冷源。自然低温贮藏是一种经济、简易而有效的低温冷却方法，因此应最大限度地利用自然低温条件，同时采用一定的隔热、围护压盖措施，以减少外温对降温后的饲料的影响，保持料温的稳定性。由于投资小，运行费用低，自然低温贮藏在基层单位备受青睐。

饲料的自然低温贮藏主要是地上自然低温贮藏，其过程是先将饲料粮降温冷却，然后密封仓库，压盖料面，并利用饲料粮的不良导热性，使饲料粮长期处于低温状态。利用冬季干冷空气冷却饲料粮的方式有以下几种：

（一）仓外自然冷却

这是一种先冷却后入仓的方法。饲料粮在仓外冷却时间的长短主要决定于料温与气温的温差。若饲料粮不急于入仓，可在露天多存放些时间，最好将料温降低到当地气温的最低温度；若急于入仓，则可在夜间用轴流风机或低压大风量的离心风机对露天垛

(垛的通风口与冬季的主导风向一致)进行强力通风,以便加速降低料温。若为散装,则应在移至场地后,摊成薄层,冷冻过夜,次日入仓。在冷却过程中要注意夜间露湿,加以苫盖。为提高冷却速度与效率,可采用晾晒时翻动料面的方法,这样不但能降低料温,还可为水分偏高的饲料粮降湿。含杂较高的、有虫的饲料粮,还可用筛子筛选,除去害虫和杂质。

(二)仓内自然冷却

仓外冷却需进行饲料粮的搬运,还要有足够的仓外场地,在场地受限制或人力不足时可采取仓内自然冷却的方法,即饲料粮在仓内就地冷却。在冬季严寒干燥季节,将仓库门窗全部打开,使仓外冷空气自然在料面流通,逐层冷却饲料粮。由于饲料粮是热的不良导体,料温降低较慢,特别是水分大、料堆高的饲料粮冷却更慢,但由于此法较经济,且不需任何通风机械设备,所以在我国仍然是一种较为普遍采用的冷却方法。为了提高冷却效果,包装料,料垛应与料仓形式及门窗方向相适应,料垛间的走道方向要与仓库通风窗方向一致,以减小空气的流动阻力,提高饲料粮的冷却速度。散装料,为了增加其通风冷却后的效果,可采用翻动粮面、扒沟、挖塘等方法。其冷却效果取决于翻动次数、深度、接触空气面大小以及仓内外的温差大小。这种方法由于作业繁重和冷却不够彻底,全面冷却仍受到一定程度的限制。若能配合机械通风降温,则冷却效果较为理想。

在仓内自然冷却时,应选择低温、干燥的适宜天气来合理通风,否则不利于饲料粮的冷却和干燥,反而会得到相反的效果,影响贮藏的稳定性。

(三)转仓冷却

将饲料粮连续通过一定长度仓外输送作业线和设备,由一仓库转入另一仓库,或仍转回原仓库,使饲料粮在转运输送过程中冷却。仓内外温差越大,饲料粮在仓外的输送作业线越长,与冷空气接触的时间越久，冷却效果就越好。在现代的机械化作业料仓中，饲料输送设备完善，采用此冷却方法比较方便，效果也较理想。此法主要适用于散装料的冷却。

在自然低温贮藏饲料粮中，要想获得理想的贮藏效果，除了使料温降至尽可能的低温以外，还要注意做好隔热保冷工作。一般在饲料粮冷透，料温降到接近仓外冷空气温度时，应立即密封仓库门窗。把暂时不用的门窗封死，在其两侧用塑料薄膜或其他密封材料糊严，不留缝隙。如果有条件最好用一些隔热材料将这些门窗覆盖堵严。留作出仓的仓门最好采用隔热仓门，并在其右下方开一小门，供平时检验人员出入之用。仓库密封后，应尽可能减少进仓次数与时间，出入仓时应随即关门以减缓料温的回升。在密封仓库的同时还要压盖料面，对于隔热性能较差的普通房式仓，压盖料面是一种很好的保冷措施。在料库中常用的压盖材料有稻壳、麦壳、棉籽皮、干砖、干沙、席子等，这些材料均具有良好的隔热性能，且能吸收一定水分而不易结露。压盖材料的厚度一般为50厘米左右。此外，若仓墙上设有通风口，务必在春暖气温回升之前堵严。堵塞材料可用稻糠麦糠，也可用聚苯乙烯泡沫塑料、膨胀珍珠岩等隔热材料。此外，在饲料粮自然低温贮藏之前，若能对普通的房式仓仓墙、房顶进行适当的隔热改造，提高仓房的隔热保冷性能，则低温贮藏的效果会更好。

四、机械制冷低温贮藏

利用自然界的干冷空气对贮粮进行自然冷却，其效果往往受到地区和季节气候的限制，特别在夏季仓温和粮温难以保持所需的低温和准低温要求时。所以在高温季节，必须辅以人工制冷，才能获得有效的低温。

制冷就是使自然界的某物体或某空间达到低于周围环境的温度，并使之维持这个温度。实现制冷可以通过两种途径：一是利用天然冷源，如深井水或天然冰等；二是利用人造冷源（称为人工制冷）。实现人工制冷的办法有多种，按物理过程的不同有：液体气化法、气体膨胀法、热电法等。

低温贮粮中的制冷技术属于普通制冷范畴，主要采用液体气化制冷法，此法包括蒸气压缩式制冷、吸收式制冷以及蒸汽喷射式制冷等，在低温库中主要采用蒸汽压缩式制冷。但在目前广泛采用的机械制冷低温贮藏方法中，存在着因低温而造成易增湿结露的问题，也不利于贮藏安全。此外，机械制冷低温贮藏对仓房的密闭和隔热性能要求很高，需要建造专用的低温仓库，贮粮费用高，投资也大。这也在一定程度上限制了其应用范围。

谷物冷却机低温贮粮既保留了机械制冷降温快、降幅大，不受季节气候限制的优点，又弥补了以往机械制冷的不足。谷物冷却机是一种可移动式的制冷调湿的通风机组，即可降低饲料粮的温度、保持和调节饲料粮水分。因可移动使用，能与各仓库的机械通风空气分配系统方便地连接。既可用于房式仓库，也可用于筒仓的低温贮藏。

谷物冷却机由风机、冷凝器、蒸发器、压缩机、膨胀阀、加热装置、控制柜、可移动机架和防护板等组成，工艺流程详见图 4-4。其工作原理是风机将外界空气送入冷却机，空气经过制冷系统降低温度后，再经过后加热装置升温降低湿度（升温 1℃，空气相对湿度降低 4%～5%），使之变成符合设定要求的干冷空气。干冷空气通过送风管道和空气分配器进入仓库进行循环或进入粮堆自下而上穿过粮层，从而降低粮温，控制其水分，达到低温控湿贮粮的目的。

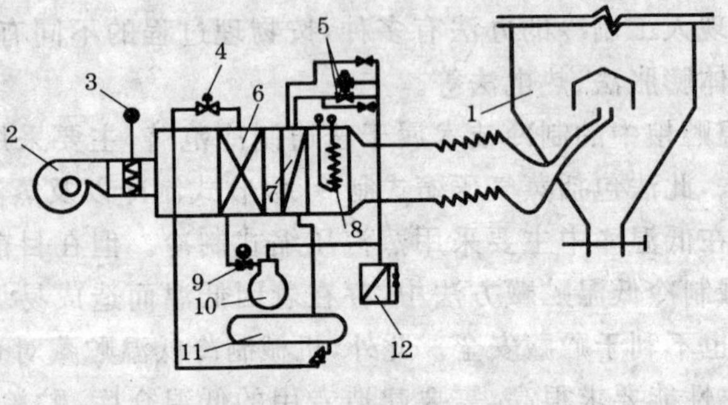

图 4-4　谷物冷却机工艺流程

1. 粮仓　2. 风机　3. 电动风量调节阀　4. 恒温膨胀阀　5. 电磁阀　6. 蒸发器　7. 冷凝废热再加热管　8. 电加热管　9. 电动调节阀　10. 半封闭式压缩机　11. 贮液器　12. 风冷冷凝器

根据冷却机各地试验和使用的经验,对其评议介绍如下:

(一)结构特点

1. 增设了加热器,可获得干冷空气　冷却机是在机械制冷的基础上,新增设了一个后加热系统,从而有效调节冷却后的空气湿度,使之成为干冷气体,并通过机械通风分配器和管道直接送入料堆,保证贮料不会因冷却而增湿结露,还可以根据要求降低贮粮水分。冷却机可直接利用仓库的机械通风设施,不需要建造专门的低温库。散装房式仓通风管道见图 4-5,筒仓的通风管道见图 4-6。

为了保证送风口空气的相对湿度和温度能维持在设定值内,在蒸发器后增设了一组加热盘管,在压缩机排气口与加热盘管之间设了一个电磁阀,当出风口的空气相对湿度高于控制值时,由湿度变送器给出信号,打开该电磁阀,对经冷却后的空气进行加热处理,以降低送风口空气的空气相对湿度。

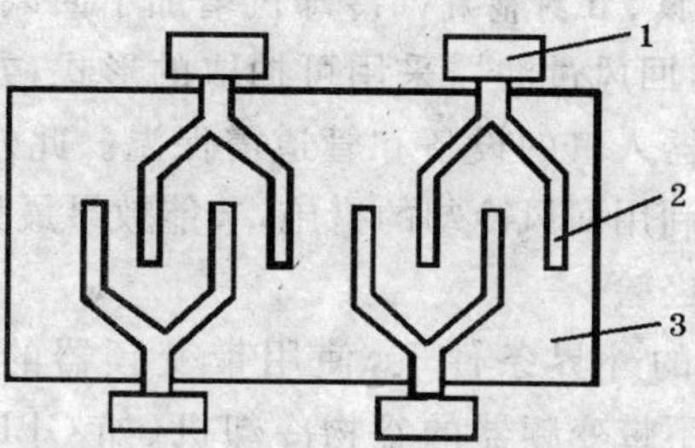

图 4-5 散装房式仓 U 型机械通风管道

1. 冷却机 2. U 型通风管道 3. 粮堆

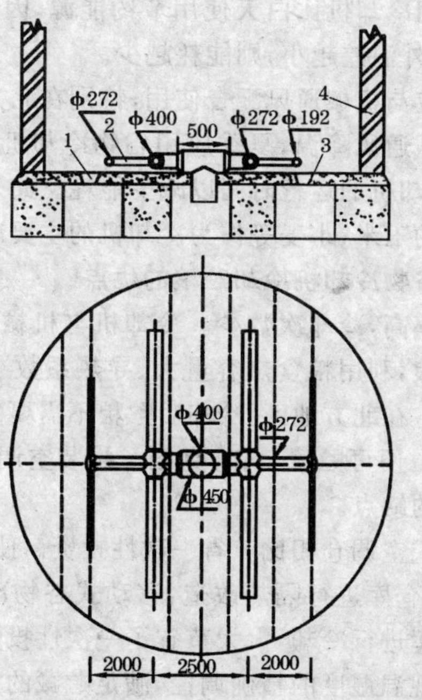

图 4-6 砖筒仓和钢板筒仓通风管道 (单位:毫米)

1. 流粮口 2. 供气管道 3. 输粮机槽 4. 筒仓壁

2. 利用回风，节约能耗 冷却机增加了回风接口和室外风与回风的控制阀，回风过滤器采用可抽取的形式，方便及时清洗，回风接口到蒸发器入口的设备和管道需保温。此外，仓房也需设有回风的接口。利用回风冷却的措施，节能效果最为显著。

(二)使用经验

①在相同的外界条件下，使用带变频器的谷物冷却机(如GLA50 型)比不带变频器的谷物冷却机(如 GLB-44 型)冷却，可节约能耗 30%左右。

②冷却粮堆时可以不揭覆盖薄膜，把粮面薄膜开出气口若干个，以便溢出热气。冷却机工作停止后，随即封闭出气口保冷。

③晚上使用冷却机比白天使用节约能源，因为晚上平均气温比白天低，仓内外温差越小，则能耗越少。

④冷却机应与机械通风配合使用，特别在北方寒冷地区，冬季应尽量利用机械通风降温，夏季应用谷物冷却机作应急预防和抢救措施，减少冷却机的运行时间以减少能耗。此外，应将高水分饲料粮如刚收购的玉米、小麦等作为冷却机的主要冷却对象。

(三)利用谷物冷却机冷却贮粮的优点

①冷却效率高，冷却次数少。冷却机与机械通风系统配合使用冷却散装贮粮，利用粮食热容量大、导热系数小的特性，冷却后粮温回升缓慢。在北方地区，冷却后贮粮不需要复冷，在南方只需要复冷 2～3 次，便可贮藏 1 年，克服了袋装空调仓库贮粮常年需要不间断运行的缺点。

②与固定式空调仓相比节省一次性投资。使用冷却机冷却贮粮，由于不需对仓库进行隔热改造，移动式谷物冷却机机动灵活，可以对多个仓库进行冷却，大大节省了一次性投资。

③可以实现温湿度的精确调控，满足贮藏的不同需要和要求。

④可避免仓库的内壁结露，即使长时间贮存也无须倒仓。与常规贮藏、倒仓方式相比，贮藏费可降低 77%。

⑤低水分潮粮不需要烘干，冷却后的贮粮，可控制虫霉发生，延缓饲料粮的陈化，保持饲料粮的品质，减少贮藏损失。

第二节 气调贮藏

气调贮藏是通过控制与饲料粮接触的气体成分，以达到增加饲料粮贮藏稳定性的目的。它经历了气密贮藏、地下气密贮藏到地上气调仓贮的发展历程。国内外已确认气调贮藏在稳定粮食品质、控虫防霉等方面均比空气常规贮藏具有明显的优越性。我国的气调贮藏是新中国成立后才开始开展的，目前已有稻谷、玉米、豆类等采取自然降氧气密贮藏。此外，人工气调也有很大的发展。

一、气调贮藏的基本原理及其效应

(一)气调贮藏的基本原理

在密封粮堆或气密库，采用生物降氧或人工气调改变正常大气中的氮气、二氧化碳、氧气的比例，使仓库或粮堆中产生一种能致死贮粮害虫、抑制真菌繁殖的气体，并降低贮粮的呼吸作用及基本的生理代谢。这种以控制调节环境气体成分为依托，使贮粮稳定性增加的技术叫做气调贮藏。

实践证明，当氧气浓度降至2%左右，或二氧化碳浓度增加至40%以上，或在高氮浓度下，真菌会受到抑制，害虫会很快死亡，并能很好地保持粮食的品质。

(二)气调的效应

1. 防治虫害 氧浓度低于2%，贮粮害虫就能致死。高二氧化碳和低氧混合气体同时起作用，对贮粮害虫更具杀伤性。杀虫所需的时间取决于环境温度，温度愈高，达到要求杀虫率所需的时间愈短，因此高温可以提高气调的效力。此外，在较低湿度下处理比在较高湿度下处理更为有效。

2. 抑制真菌的作用 气体组成对真菌的代谢活动有明显的影响。当粮堆氧浓度下降到2%以下时，对大多数好气性真菌有显著的抑制作用。特别是在安全水分下的低水粮和粮食相对湿度低的条件下，低氧对真菌的抑制作用尤为显著，但是有些真菌极能忍耐低氧环境，例如，灰绿曲菌、米根霉等。

3. 降低呼吸强度 在贮藏期间，饲料粮呼吸作用增强，则有机物的损耗会显著增加，粮食易劣变。在缺氧环境中，尽管粮粒呼吸不会完全停止（在细胞内仍然存在微弱呼吸作用，以延续其生命），但其强度会显著降低。缺氧贮藏可有效抑制粮粒的呼吸作用，具有预防和制止饲料粮发热的效果，而且干燥粮食采用缺氧贮藏，可有效地保持饲料粮的品质和贮粮稳定性。对高水分粮（在16%～16.5%及以上）就不宜采用缺氧贮藏方法，因为水分高易引起发酵，产生大量酒精及有机酸类，影响贮粮品质。

二、密封材料及密闭工艺

密封程度的优劣是缺氧贮藏效果成败的关键。只有在严密封闭条件下，才能形成和保持粮食的缺氧状态。因此，为了保持密封性，选择贮粮密封材料和密闭工艺是十分重要的。

（一）密封材料

1. 粮堆密封材料 粮堆密封材料多选用塑料薄膜。常用的有聚氯乙烯、聚乙烯、聚丙烯等塑料薄膜，其厚度为0.07～0.4毫米，常温下耐酸碱腐蚀，具有耐磨性和绝缘性，机械强度随厚度增加而加强，但不耐高温。聚氯乙烯85℃时软化，在130℃时变形；聚乙烯熔点为110℃～130℃；聚丙烯在170℃～174℃就开始熔化。因目前产品允许存在有一定的微孔和砂眼，对于气体和水蒸气具有微透性，其透气性随厚度增加而减少。所以，在选用聚氯乙烯和聚乙烯塑料薄膜作粮堆密封材料时，应先查漏补洞，其厚度则根据需要来选定。应用生物降氧方法密封粮堆时可选用0.14毫米厚度的薄膜，做成密闭帐幕。应用机械脱氧时，则必须选用能耐负压，抗拉力较强，厚度为 0.2 毫米的薄膜，这种薄膜还可供充二氧化碳、充氮、抽真空的密封帐幕之用。

这两种薄膜在长期使用过程中，由于日光中紫外线照射和空气中氧的作用，其柔软性和机械强度等性能会逐渐老化。所以，在使用过程中要注意保护，尽量避免阳光照晒，以延长其使用寿命。

聚氯乙烯质地较柔软，易热合、黏合，可用作粮食覆盖密封。聚乙烯质地较硬，易热合但不易黏合，无毒，可做成品粮包装材料。

厚度为 0.022 毫米的尼龙、铝箔、聚乙烯压成的薄膜，在一个大气压下，二氧化碳几乎不能透过。用尼龙、聚乙烯压成的双层薄膜厚度为 0.95 毫米，在一个大气压下，二氧化碳透过量为 4 毫升/24 小时·米^2。

使用以上双层薄膜进行缺氧贮藏，在 48 小时内可达到胶实包装；使用单层也能获得良好效果，因为它们对二氧化碳的透过量甚微。

2. 黏合剂 使用黏合剂可使塑料薄膜之间或薄膜与其他物体之间黏合，在缺氧贮藏时多用于补漏和将薄膜黏于墙或地坪上。目前粮食仓贮上应用的黏合剂主要是特殊的、化学黏合剂。现将常用的黏合剂介绍如下：

(1)薄膜与薄膜之间的黏合剂

①聚氯乙烯胶。将干洁的聚氯乙烯薄膜碎片溶解于环己酮溶液中(重量比 1∶9)，呈黏稠状即可使用。也可以直接用环己酮试剂，但只限于用极小量来进行薄膜补洞，不能用于整块薄膜的黏合。

②过氯乙烯胶。将它溶解于二氯乙烷溶液中(重量比为 1∶4)，呈黏稠状即可使用。

③塑料胶水或万能胶水。

(2)薄膜与物体之间的黏合

①聚乙烯醇胶：用聚乙烯醇树脂 500 克，对水 1 500 克，蒸 12

小时即可。

②羧甲基纤维素(CMC):又称化学糨糊,用温水冲成糨糊状即可。各地用沥青、磁漆、皮胶、桐油加石灰和立德粉作黏合剂也都取得了良好的黏合效果。

各种黏合剂的黏合效果如表 4-2。

表 4-2 各种黏合剂的黏合效果

类型		脂溶性胶				水溶性胶	
黏合剂名称		过氯乙烯胶	聚氯乙烯胶	万能胶	醛胶	聚乙烯醇	化学糨糊
垂直负重		千克					
塑料与墙壁	聚氯乙烯	10	12*	4	12*	4.5	5
	聚乙烯	3	3.5	2	12*	7	2
塑料膜与塑料膜	聚氯乙烯	12.5*	10.5*	10.5	6.5	0	0
	聚乙烯	6.5	3.5	0	3.5	0	0
	聚丙烯	9.5	0	0	8	0	0

注:负重后不脱落

3. 仓房密封剂的喷涂料 气调贮粮要求粮堆密闭好,仓库密封严密,方能取得良好的气调效果。目前的粮库(砖墙)房式仓、铆接或搭接钢板筒仓或镀锌铁皮筒仓在没有利用密封工艺之前,都易漏气,达不到满意的气密性。为提高仓库的气密性,解决漏气问题,近年多采用优选的永久性的密封材料和密封工艺,对仓库整体进行喷涂。

(1)密封层 仓墙、地坪采用石灰、水泥、砂浆作基底后,涂刷沥青,再粘贴 0.14 毫米聚乙烯薄膜一层或采用石灰浆、油毛毡、粘贴砂纸,再涂刷酚醛清漆或“701”胶一层,可在很大程度上改进仓库的气密性能。

(2)仓房门、窗和通风道密封 仓房门、窗和通风道可采用硅酮橡胶、聚氯乙烯带和聚氨酯泡沫加以覆盖和嵌缝，或用聚氯乙烯与丙烯酸结合起来密封仓门和管道，防止仓房气体的泄漏。

(3)粮筒仓密封　用钢玻璃作筒仓气密层取得了良好的密封效果。钢板焊接和钢筋水泥贮粮仓喷涂丙烯酸系列乳剂后，避免薄膜层因受紫外线照射而软化，可很好地进行气调贮粮。

(二)密闭工艺

缺氧贮粮的密闭工艺包括查漏补洞、热合和密闭。

1. 查漏补洞　塑料薄膜“砂眼”(又称“鱼眼”)和微孔如查不出、补不好，就可能达不到缺氧贮粮要求的效果，所以在制作帐幕前必须仔细地查漏补洞。要在热合前查、热合后查、吊在仓内查、密封后查、查粮情时查。

查法：把薄膜平放在装有日光灯的查漏台上或对着日光灯查看。发现漏洞或“砂眼”后用小木棒蘸上一点黏合剂，贴上一块0.8毫米厚薄膜粘牢；较大的破洞可用热合工具进行热合，这样更加牢固。

2. 制备帐幕　用塑料薄膜作密封材料，应先根据粮堆大小，密闭形式等具体情况剪裁塑料薄膜，以便合理下料。如果用0.14毫米厚的塑料薄膜做五面或六面密闭，需要量为2～4千克/万千克粮食。

热合工具可用高频热合机或300～500瓦调温电熨斗，也可用75～100瓦电烙铁。

采用高频热合机(台式、钳式)进行热合，技术条件根据薄膜厚度而定。经验数据是热合0.14～0.30毫米厚的聚氯乙烯薄膜，调整电压为200伏特，高压输出功率屏电流表指数为280～290伏安，经6～7秒钟，热合效果良好。

热合聚氯乙烯薄膜时须在薄膜上方放一层黄蜡绸，而热合铝箔、聚丙乙烯和聚乙烯薄膜时，则需在其上下衬垫聚四氟乙烯布。

在应用300～500瓦调温电熨斗时，热合0.14毫米左右的聚氯乙烯，可将温度调节在“羊毛档”上，把所要热合的薄膜放在1～2厘米宽的木条上（长度可根据需要而定），薄膜上加一层玻璃纸（报纸、黄蜡绸等）把电熨斗在上面放平，匀速推进，即能密合结实。

3. 密封粮堆 粮堆密封的好坏是缺氧贮藏成败的关键。应根据仓库条件和堆垛的不同，采用不同的密封形式。目前应用最多的有一面密闭、五面密闭和六面密闭三种，现分述如下：

（1）*一面密闭* 也叫“盖顶密闭”、“一面封顶”、“粮面密封”等，名称不一，其实质就是用塑料薄膜密封全粮面。此法适用于仓房土建结构好，墙壁和地坪防潮性能佳、密闭性能高的散装房式仓和土圆仓，适于基本保持气压平衡的缺氧贮藏。

（2）*五面密闭* 此法适于地坪干燥而墙壁防潮性能差的仓房和堆垛贮藏。散装仓房“五面密闭”，首先按仓房大小热合两块塑料薄膜：一块用于仓房四周的薄膜，一块是粮面薄膜。热合好的四周薄膜沿墙壁四周吊挂起来，下端延长20～40厘米用黏合剂与地面黏合好，待粮食入满后平整粮面，将四周薄膜与粮面薄膜热合或黏合在一起，并引出测温、测湿、测虫线头及测气管口。

在堆垛“五面密闭”时，要根据堆垛大小做一个塑料薄膜罩子，将粮堆罩住，引出检测线头和测气管口，并在罩的下端留出30～50厘米塑料薄膜与地面黏合即成。

（3）*六面密闭* 此法适用于地坪需铺垫器材的仓房和成品粮堆贮藏。具体作法只比“五面密闭”多了一个薄膜底，其余相同，将薄膜帐幕罩上堆垛，再将罩与底膜热合或黏合牢固即可。

三、气调技术

气调技术主要有两大类：人工气调和生物气调。

（一）生物降氧

生物降氧就是利用生物体的呼吸作用，把密封粮堆中的氧气消耗掉，达到低氧贮藏的目的。

1. 自然降氧　在密封贮藏中，由于粮食、微生物、害虫等生物群的呼吸作用，粮堆中的氧气逐渐消耗而减少，同时二氧化碳含量增加，使粮堆缺氧。自然降氧的特点是方法简便，除用塑料薄膜依照密封工艺密封好粮堆之外，不需要任何其他降氧设备，只要认真掌握以下几点，便可取得良好效果。

(1)降氧能力　降氧能力高的粮种才可以利用“自然降氧”方法来缺氧贮藏。稻谷、小麦、玉米、大豆等粮种都具有很好的自然降氧能力，其降氧能力依次为：玉米＞小麦＞稻谷＞大豆。红薯干和三等粉降氧能力差，很难达到自然降氧效果。

(2)降氧速度　试验证明，降氧速度与粮食水分、温度有关，粮堆害虫密度大小也对降氧速度有影响。

水分大，降氧快。例如，小麦含水量 13.96%，密闭 7 天氧气浓度降至 3.5%；而小麦含水量 10.36%，经过 95 天氧气浓度才降至 17.4%。

粮温高，降氧快。例如，含水量为 12.5%～13.5%的水稻，粮温在 20℃以下，降氧速度极为缓慢，当夏季粮温升至 28℃～30℃时，5 天内氧浓度可降至 0.5%。

有虫粮，降氧快。害虫的呼吸强度比粮食大 10 万倍以上，所以害虫密度越大，降氧越快，杀虫效果越好，虫粮应用自然降氧是以虫治虫的有效方法。

2. 微生物降氧　利用微生物呼吸量大的特点，辅助低水粮、陈粮降低粮堆氧浓度的方法称为微生物降氧。

目前，我国许多地区都在进行酵母菌、糖化菌以及多菌种固体发酵的微生物降氧，效果好，方法简便，1 周内可将粮堆的氧气浓度降到 2%以下。

为了实现微生物有效降氧，需做到以下几点：

(1)选择菌种　菌种选择的条件是：对人畜无害，不污染粮食，应用安全；降氧快，呼吸量大；繁殖快，易培养；菌种和培养料均易取得。

(2)培养方法　通常按三级扩大培养法,即试管斜面培养→曲盘糖化→粮堆培养箱培养。

(3)粮堆脱氧　包装粮堆在帐幕一侧,将微生物培养箱与粮堆相连;对散装粮仓,可在粮面顶部与微生物培养箱相连,在两者之间设置通气管。当培养料投放培养箱后,将管道接口立即密封。

(4)脱氧结束,密封粮堆　粮温在25℃～30℃时,一周内将粮堆的氧气浓度降至1%～1.5%,脱氧完毕,拆除培养箱架,密封好粮堆,保持缺氧状态。

采用微生物降氧与其他生物降氧法相比,可获得降氧快的效果。

(二)人工气调

人工气调是应用一定的机械设备(如钢瓶、制氮机、气体混合发生器等),将粮堆中氧气燃烧掉或置换进(充入)氮、二氧化碳的气调技术。

1. 充氮气调法　在粮堆或仓库中,充入氮气取代富含氧气的正常大气,从而形成并保持低氧的环境。氮为惰性气体,非常稳定。

(1)液化氮气调法　用真空泵(配真空表)抽出粮堆中的空气,并以氮气瓶直接往气密粮堆中充氮。此法多用于六面密闭的粮堆,充氮后立即用热合机将塑料薄膜(0.2毫米厚)热合封闭。当粮温为20℃～25℃时,充氮后几天就可绝氧或保持低氧。

(2)制氮机气调法　制氮机以煤油和空气为原料,经过高温完全燃烧,制取氮气。由燃烧炉出来的高温气体,在冷却塔经水冷却后使水蒸气冷凝下来,生成气体冷却到常温,通进粮堆进行低氧气调贮藏。

采用制氮机气调法应注意以下事项:

①必须对生成气的成分进行检验分析,气体应燃烧完全(二氧化碳14%～15%、氧气仅0.2%～0.5%),同时进仓的生成气的温

度应低于粮温。

②必须加强粮堆气体交换的有效性和气体分布均匀性，防止出现粮堆死角含氧量高的问题。

③注意整机的安全操作。

2. 分子筛富氮脱氧法　分子筛是一类能筛分分子的物质，分子筛富氮是一种新的空气制氮技术。通常所说的分子筛，是指晶体铝硅酸盐(即泡沸石)。我国于20世纪70年代已试制成功并投入生产，富氮浓度已达98%～99.5%。

分子筛的种类甚多，气调贮粮所用的是4A分子筛(又称NaA型，孔径为4.2～4.8埃，1埃=0.000 000 1毫米)和5A分子筛(又称CaA型，孔径为5～5.5埃)，用4A分子筛吸附空中的水分，用5A分子筛富氮。

分子筛富氮过程大致分成三个阶段(图4-7)：

(1)进气处理　由于水分会降低富氮塔中分子的分离效果，故进入塔中的空气必须干燥(一个大气压下水蒸气含量在20毫米^3/米^{3}以下)。空气先经硅胶塔再进入4A分子筛干燥塔脱水。

(2)富氮　装有5A分子筛的几个塔组进行富氮处理，使氧、氮分离，常用低温加压、常温加压或常温常压法。

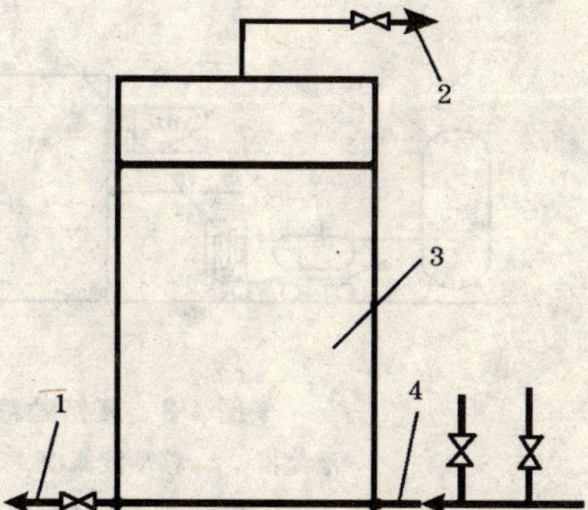

图4-7　富氮塔工作示意图

1. 抽氮 2. 排氧 3. 5A分子筛 4. 进气

(3)解吸　利用水环真空泵和蒸汽喷射泵配合，做二级抽气，将筛床吸附的氮脱附。

利用分子筛富氮脱氧的速度很快，一个 5 万千克的粮堆，只需 6 小时，可将氧气的浓度下降至 5％以下，而将氮的浓度升至 95％以上。同时，经过干燥和过滤，进入粮堆的富氮气体干燥纯洁，避免了粮堆的结露和污染。

3. 液氮法 液氮法是采用液氮向粮堆充入氮气，置换出其中的富氧空气。液氮是通过空气将空气分离设备分离出的氮气压缩、冷却、液化和精馏而成的。液氮是一种无色无味的透明液体，比重 0.81 千克/升，无毒、不自燃，是电的不良导体，常压下沸点为 −196℃，气化后瞬间膨胀 707 倍体积，常温常压下为气体。

液氮法的设备由液化贮槽、汽化器、抽气泵等组成（图 4-8）。首先开动抽气泵，将粮堆内空气抽出（100～200 毫米水柱，负压），再将液氮槽中液氮放出，通过汽化器使液氮变成气体氮，然后将气态氮送入事先用薄膜密封好的粮堆。

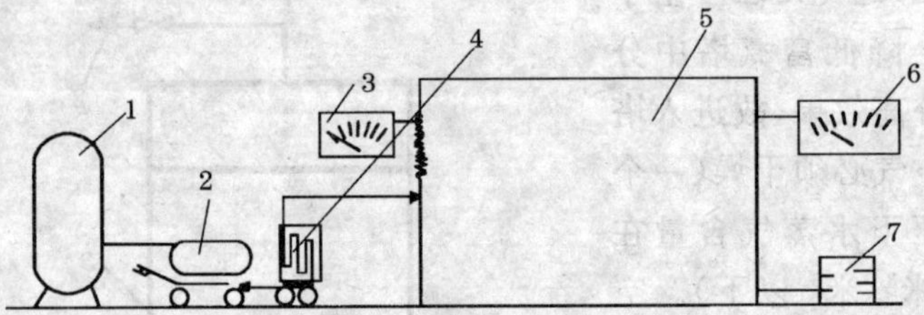

图 4-8 液氮贮粮工艺流程

1. 液氮槽 2. 移动液氮槽 3. 测温仪 4. 汽化器 5. 粮堆 6. 气体检测仪 7. 抽气泵

液氮法操作方便，无污染，能较好地保持贮粮品质。

4. 充二氧化碳气调法 向粮堆中充二氧化碳有两种作用：其一是充入二氧化碳排氧，把空气中的氧气置换出来，达到降氧的目的；其二是能承受相当压力的气密库，因高浓度的二氧化碳（含量维持 40%～60%)对有害生物具有毒害作用，能抑制虫、霉和粮食生理活动，可起到双重效果。

在高压或低温下可将二氧化碳压缩成液体，贮存于耐压钢瓶中，使用时打开钢瓶控制阀，喷出气化的二氧化碳气体，即能直接充入粮堆。也可将二氧化碳制成干冰，使用时再将其气化充入粮堆。

(1)粮堆充二氧化碳方法　此法多应用钢瓶二氧化碳置换。散装粮堆充二氧化碳的方法(图 4-9a)是先将粮堆帐幕顶部布点的排气孔全部打开，直接从下部管口接上二氧化碳钢瓶，充入二氧化碳时(应用的原理是二氧化碳比重比空气大)，下层空气自下而上逐渐从排气孔排走。当二氧化碳浓度达到 70%以上即可停止充气，并密封进、出管口。也可先抽真空再充入二氧化碳，此法不必在粮堆密封帐幕顶部留孔，直接抽真空度至 400 毫米水柱以上，无泄漏现象，即可卸下真空泵，换上二氧化碳钢瓶充气，直至薄膜膨起即可停止充气。二氧化碳用量，每万千克散装粮充入 10 千克；包装粮堆(图 4-9b)根据粮堆垛孔隙度，可酌增 40%左右。

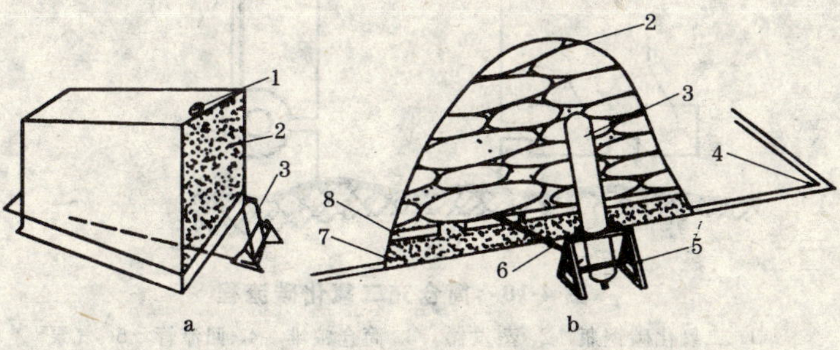

图 4-9　粮堆充二氧化碳

a. 密封帐幕粮堆充二氧化碳　b. 包装粮堆充二氧化碳

1. 上端留孔　2. 粮堆帐幕　3. 二氧化碳钢瓶　4. 密封底边

5. 钢瓶支架　6. 通入二氧化碳管道　7. 地坪　8. 粮垛底架

(2)气密库充二氧化碳法　在密封的混凝土筒仓或在焊接钢板筒仓实行二氧化碳气调贮粮是一种先进的贮粮技术。库内设有二氧化碳管网，与仓外一个变量蒸发器相连，再连接到盛液态二氧化碳的容器，通过二氧化碳喷射排放装置和输送管道向多个仓同时充气。气密标准：二氧化碳初始浓度为 70%，14 天后的浓度不小于 35%。气密库充二氧化碳气调法是很经济的。

(3)筒仓二氧化碳气调实施　将液态二氧化碳贮存于钢瓶，通过蒸发器将温度调节至 25℃～35℃，流量 3.5 吨/时，气体从筒仓下部进气口压入，经过粮堆向上升到顶部，经排气管口排出，此时封闭管口，停止充气。一次充气浓度应达到 74%左右，2 周内维持量应为 35%～40%。筒仓充气流程见图 4-10。大容量筒仓采用二氧化碳气调，则需在仓内装设气体环流管道，进气由压阀控制。

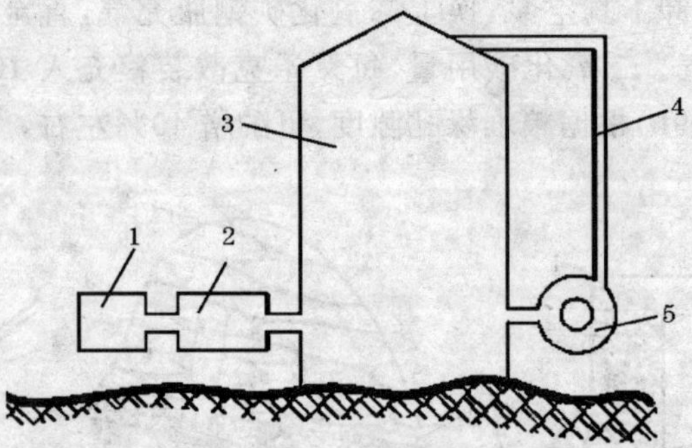

图 4-10　筒仓充二氧化碳流程

1. 二氧化碳钢瓶　2. 蒸发器　3. 筒仓粮堆　4. 回流管　5. 气泵

第三节　双低、三低贮藏

一、双低贮粮

(一)双低贮粮的概念　双低一般指低氧、低药量的密封贮藏，是在自然降氧基础上发展起来的。这种方法能有效地消灭常见的贮粮害虫，而且能防止霉变，一次处理就可较长时间实现无虫无霉。

1. 双低贮粮的原理　粮堆在密封条件下，氧含量减少，二氧化碳含量增多，恶化了虫、霉的生态环境，将磷化铝片埋入粮堆，可减少药物挥发空间，相应地增加粮堆内的有效浓度。磷化铝埋入粮堆后，能吸收粮堆内的水分，放出磷化氢气体，因而能少量降低粮堆温度和粮食水分，在这些综合条件的影响下，粮食生命活动受到抑制，害虫死亡，微生物也不能繁育，从而起到综合防治作用，使粮食处于稳定状态。

2. 气调对磷化氢的增效作用　利用氧气浓度在8%～12%、二氧化碳浓度在4%～10%的气体状态，加入低剂量的磷化氢，就能很好地起到气调的增效作用，提高防治效果和缩短处理时间。这是由于在粮堆密封条件下，害虫赖以生存的生态环境发生了改变(缺氧、二氧化碳浓度上升)，加速了害虫的死亡。原因是害虫气门张开，不仅使毒气易进入虫体，还会使害虫体内水分通过气门过量散失而死亡。据研究，低浓度磷化氢可比高浓度更有效防止害虫，小于0.1毫克/升低浓度，对杀虫有更好的毒效，磷化氢在粮堆内的浓度经常保持量为0.04毫克/升，害虫很快就会被杀死。

3. 双低密闭影响药效的因素　双低的剂量和药效与密闭时间的长短、空气相对湿度、温度、气体比例都有很大关系，此外还与虫种、虫口密度等因素有关。温度为31℃～35℃，粮食含水量在11%～12%，氧气浓度为10%～12%，二氧化碳浓度为5%～6%，磷化铝用量为0.5～1克/米^{3}或氧气浓度18%～20%，二氧化碳浓度为5%～6%，磷化铝用量为1.5克/米^3，均可将小麦、玉米等贮粮的害虫杀死。

磷化铝施入后，密闭时间不应少于14～21天，若密闭30天以上，可增加长期防治效果。

(二)双低贮粮的注意事项

1. 对仓房和贮粮的要求 粮食水分一定要在安全标准范围内，粮食入仓(囤)后，须将粮面平整，并在粮面铺上一层麻袋，然后密封。

2. 密封与施药 有两种方法可供采用

(1)密封粮堆与施药同时进行 投药采用埋藏法，密封前将药袋埋入粮堆30～50厘米深处或中间部位，梅花形布点，使粮堆上、中、下磷化铝均匀分布。然后用预先准备好的整块塑料薄膜进行粮面密封。

磷化铝原粉是一种浅灰绿色粉末，暴露在空气中能吸收空气中的水蒸气或与水反应，分解产生具有杀虫作用的磷化氢气体。磷化氢既可使害虫中毒死亡，对人也有毒性。人体主要是由呼吸道吸入磷化氢，而不能通过皮肤吸收，误服或吸入磷化铝粉末也可引起中毒。在磷化氢浓度为2 000毫升/米^{3}的空气中，人体在非常短的时间内就会死亡。我国规定工作环境的空气中磷化氢最高的允许浓度为0.22毫升/米^3，此规定是基于操作人员在有磷化氢的场所每天工作8小时，每周工作5天而制订的。有关资料建议正常人在不同磷化氢浓度环境下接触的最长时限是：磷化氢浓度为1毫升/米^{3}时，最长接触时间不超过7小时；浓度为25毫升/米^{3}时，不超过1小时；浓度为50毫升/米^{3}时，最长不应超过5分钟。

(2)粮堆降氧后施药 在密封粮面前，按仓房大小设置若干牵引药袋绳，在薄膜覆盖的顶部预留投药口。将磷化铝片剂用小布袋包好，施药时将磷化铝袋引到薄膜内，投药于薄膜内的预定施药点位置。一般粮堆高度超过 3 米以上，采用小布袋埋藏时，每袋装药量不超过 45 克，按投药点数目均匀分布，点与点距离为 1.5 米，埋入粮里即可。

3. 合理剂量　双低施药量比常规熏蒸减少 80%～90%，费用有所降低，增加了经济效益。但要根据具体情况减少药量。如果夏粮高温入库立即进入气调密闭，粮堆氧气降至 5%以下，就可不施药，只要保持密闭，低氧本身就能达到长时期防治害虫的目的。

（三）双低贮粮的经验和教训

①低氧（或低氧高二氧化碳）与低剂量药配合使用，两者可取长补短，相互补充，是相辅相成综合防治害虫的好方法。

②双低贮粮能获得良好的杀虫、防霉等多方面的效果。

③双低贮粮杀虫的效果与粮堆二氧化碳的增加是分不开的。

④采用双低贮粮，如果处理时间晚、粮堆密封不严、施用剂量太少、施药方法不当，粮堆内某些耐药性较强的虫种未经杀死而残留下来，就会不断提高对药物的耐受力，造成对磷化氢产生抗药性，对此要特别注意。

二、三低贮粮

（一）基本概念

“三低”是低氧、低温、低药剂量的统称，是贮粮的一项综合防治措施。采用三低贮粮，符合以防为主，综合治理的保粮方针，能获得安全、经济的效果，它不仅仅能降低贮粮费用，还能有效控制生物的生理活动。

（二）三低的互补关系与组合

粮温、粮堆氧浓度和药剂量三因素应根据季节、粮种、水分、温度、虫口密度等不同情况来灵活组合。有的同时结合应用，也有的连续应用。

①高温收藏入库的夏粮，可采取低氧（密闭）→低药（有虫

时)→低温(秋后通风)。在实践中,三低(低氧、低药、低温)的结合方式主要用于小麦和早中稻谷的贮藏。

②低温季节入库的粮食采取低温(通风)→低氧(翌年春季后)→低药(有虫时)贮藏。低温、低氧、低药的结合主要用于玉米、晚稻和豆类,这种方式还兼有降温和降水的功效。

(三)三低贮粮注意事项

采用0.14毫米塑料薄膜进行密闭,新粮(夏粮)入库不久害虫发生不多时,立即密封粮堆进行双低密封贮藏,磷化铝用量为1～1.3克/米^3,可获得良好防治效果;若入库粮无虫,可采用自然降氧密闭气调,当氧气浓度不能降至5%以下的害虫致死浓度时,可施入低剂量的磷化铝。秋季结合低温(粮温可降至15℃～20℃),可较长时间保持低氧、低温、低剂量而长期密封。由于粮堆内气流在薄膜和粮堆内环流缓慢,温差不大,三低气调不会出现粮面结露。低温季节入库的粮食,粮温在20℃左右,如已发现较多害虫,亦可结合低温、低剂量的双重作用,粮堆密闭至翌年春季也可收到良好的防治效果。

第四节　治虫防霉技术

贮粮治虫防霉首先应从防治生物源开始做起,也就是说,从收获开始就要做好饲料粮的清理去杂工作,不让虫粮、含杂率高的饲料粮入库。此外,在贮藏过程中,要防止交叉污染,防止把虫、霉带入库内,为防治虫霉打好基础。但这并不能彻底消灭虫害和真菌,还要在整个贮粮过程中实施一系列治虫防霉技术措施。

在第一章中对微生物、害虫对饲料贮藏的危害已做了介绍,本节着重介绍治虫防霉技术,包括低温防治技术和气调防治技术。有关双低、三低治虫防霉技术在前节双低、三低贮粮部分已述及,此处不再赘述。

一、低温防治虫霉

(一)低温防治贮粮害虫

贮粮害虫是变温动物,生理上缺乏调节体温的功能(或不完善),对温度适应性较差,耐低温能力较弱。大多数贮粮害虫的最适生长温度为 25℃～35℃,极限低温为 17℃,若将粮温控制在 17℃(尤其是在 15℃)以下,虫体便开始呈现冷麻痹,害虫将不能完成它们的生活史。温度降至 5℃～10℃,害虫出现昏迷,这时即使不能使其快速死亡,也可使其不活动且不能取食,由于饥饿衰竭而死亡。当温度降至 0℃以下,害虫体开始冷冻;－4.5℃以下,害虫会因体液冻结而死亡。

低温防治贮粮害虫的效果,取决于低温程度、低温所经历的时间以及低温变化的速度。很低的温度能在短时间内使害虫致死。例如,锯谷盗、烟草甲及粉斑螟在－10℃条件下 7～9 小时死亡。偏低的温度,虽不能使害虫致死,但能有效控制害虫增长,低温可延长完成 1 个世代的天数。

螨的生长繁育的适宜温度为 20℃～30℃,比其他害虫具有更强的抗温性,一般在低于 5℃时无活动能力,－5℃～0℃时有较低的致死率,－10℃以下的低温才能有效致死。限制螨类生长发育的温度为 0℃～10℃,但要控制粮食含水量在 12%以下,才能有效控制螨类的发展。如果用低温控制高水分粮中螨类的发展,则必须将温度降至 5℃以下。

(二)低温控制贮粮微生物

粮食在贮藏期间感染的微生物大多是真菌,其生长和繁殖,很大程度上取决于环境温度,同时还与菌种、粮食含水量有关。因此,在一定范围内,低温能有效地防止真菌对贮粮的侵害。

真菌大多数为中温性微生物,生长的最适温度为 20℃～40℃。例如,青霉生长的最适温度一般在 20℃左右,曲霉生长的最适温度一般在30℃左右。此外，微生物在低温下的正常生长还依赖于环境湿度，在比较干燥的粮库中(粮堆相对湿度在75%以下)，温度在15℃以下，就可抑制大多数微生物的生长和繁殖。

微生物处于低于生长的极限低温下，生长繁殖停滞，但仍能生存，一旦遇到适宜的环境，就可以继续生长繁殖。所以，低温抑制真菌容易，但想达到灭菌效果是很困难的。

此外，温度对一些真菌的产毒也有影响，一般真菌生长的适宜温度也是它产生全部代谢产物的最适温度。例如，黄曲霉素产毒菌株在28℃～32℃培养，生长旺盛，同时毒素产量也最高。所以，低温贮粮，不但能抑制粮食微生物的生长和繁殖，还能防止和避免一些产毒菌株产生毒素，保证粮食的卫生。

微生物在粮堆中生长和繁殖，很大程度上取决于水分和温度的综合作用。通常粮食水分达到微生物活动的适宜范围时，微生物对温度的适应范围就宽些；反之，微生物对温度的适应性就差。因此，用低温来抑制真菌在粮堆中的发展，必须配合控制粮食的含水量，才可以获得良好的抑制真菌的效果。

二、气调防治虫霉

(一)气调贮藏防治虫害

贮粮害虫的生活条件，与所处环境的气体成分是分不开的。当氧气浓度在2%以下时，贮粮害虫就会死亡。当高二氧化碳和低氧混合气体同时起作用时，就更具毒性。当然，所处环境的温度和湿度也有影响，高温低湿的条件将会增加气调的效力。正常情况下，害虫所有气门处于完全关闭或部分关闭状态，低氧和一定二氧化碳以及空气相对湿度低的(在60%以下)干燥空气，能促使害虫气门开启，害虫体内的水分因此加速丧失。例如，黄粉虫幼虫在高二氧化碳和低氧浓度下，其失水率较正常状态高出2～7倍；又如，在贮粮害虫处于1%氧气和高浓度氮气环境时，环境空气相对湿度与害虫致死率呈负相关。各种谷盗害虫的致死率随空气相对湿度降低而显著增加。

此外，气调杀虫效力与充入气体的浓度和处理时间有关。例如，小麦含水量11.5%～12%，粮温30℃～35℃，密闭12天，含氧量在1.4%～2.4%，玉米象致死仅需12～30小时；而氧气浓度在2.8%～4.5%时，48小时害虫死亡率仅为20%。随着含氧量的增加，害虫死亡时间延长，死亡率降低。

人工气调时，低氧和高二氧化碳相配合对杀死各种害虫具有增效作用。当粮堆单一充入36%～80%的二氧化碳，其杀虫效果随二氧化碳浓度加大而增大。氧气含量低于5%，二氧化碳浓度为15%～38%时，气调杀虫效果更显著。

国内外防止仓库贮粮害虫的实践表明，使用单一气体气调熏蒸易产生抗性问题，采用两种或两种以上气体或与空气混合来控制害虫，效果更为显著。例如，二氧化碳与溴甲烷，二氧化碳与磷化氢混合使用，都能提高二氧化碳对仓库害虫的杀灭能力，都优于高二氧化碳或高剂量磷化氢单独熏蒸的杀虫效果。

(二)气调贮粮控制真菌

气体组成对真菌的代谢活动有明显的影响。粮堆氧气浓度在2%以下，对大多数好气性真菌具有明显的抑制作用，特别是在安全水分范围内的低水分粮和在低空气相对湿度(65%左右)条件下，低氧对真菌控制作用尤为显著。但对氧气要求不高的一些真菌，如灰绿曲霉、米根霉，能在0.2%的氧气浓度下生长。

饲料粮上的真菌对低二氧化碳有较强适应能力，只有当二氧化碳浓度提高至40%以上才能对其有明显抑制作用。气体组成中，二氧化碳浓度增加至60%～90%时，能抑制小麦、玉米的真菌生长和青霉、黄曲霉的产生。

将高水分和低水分两种不同粮食，置于空气和氮气气调贮藏环境中，氮气气调的谷物真菌总数比空气贮藏的要少。

第五章　饲料原料及成品的贮藏

第一节　植物性饲料原料的贮藏

植物性饲料原料主要包括禾谷类饲料原料、油料及其油粕。前者主要是玉米、小麦及禾谷类副产品(三等粉、米糠、麸皮等),后者主要是大豆、菜籽及其油粕。

一、玉米的贮藏

我国是玉米生产大国,全国年产量约为1.3亿万吨(2005年),全国用作饲料的玉米约1亿吨。随着人民生活水平的不断提高,消费结构随之变化,对动物性食品(肉、蛋、奶等)的需求量愈来愈大。作为"饲料之王"的玉米,被大量用于饲料工业。玉米的贮藏,不仅量大,还要保证所贮藏的玉米符合国家质量标准,同时还要保证贮藏品质符合要求,防止或减缓玉米在贮存过程中陈化和发生品质劣变。玉米耐贮性差,是较难贮藏的原料之一。

(一)玉米的生理及贮藏特性

1. 玉米呼吸强度大　玉米籽粒胚部大,胚部占整粒总重量的10%~14%,占总体积的30%~35%。胚部呼吸强度大,易感染病菌,耐贮性差。在相同条件下玉米比其他粮食的生命活力强,呼吸强度高。例如,在15℃~25℃时玉米呼吸强度为10.2~28.0,而小麦仅为0.04~0.06(单位为:毫克二氧化碳/24小时·100克干样),玉米是小麦的300~400倍。如果玉米成熟度不均匀,不完全成熟的所占比例大,其呼吸强度更大。

2. 胚部营养丰富　玉米胚部蛋白质和矿物质等亲水基因具

有强烈的吸水性，吸湿后的高水分玉米，胚部水分高于胚乳，加强了自身呼吸强度；胚部脂肪含量高，易氧化酸败，使胚部颜色变深；真菌和害虫喜从胚部感染和侵食，玉米生霉也往往从胚部开始。南方冬季在局部地区还有虫害（印度谷螟）发生。其他谷物极少发生此种情况。

3. 水分偏高、成熟不均匀　我国玉米的主产区在北方，玉米收获时天气已冷，日照较少，玉米成熟不均匀（玉米穗尖端成熟差）。通常收获时玉米的含水量在20%～35%，使得机械脱粒的籽粒极易受伤、破碎。经长途运输到南方，含水量常在14%以上（安全含水量为12.5%），往往还带有较多的有机杂质和无机杂质，这些杂质带有大量真菌，一旦条件成熟，便可侵染玉米的籽粒。

4. 种皮较薄　玉米籽粒的外保护层（即外皮）较薄，通过剧烈加热烘干的玉米，种皮易出现细微裂纹，这些裂纹是真菌和害虫日后产卵繁殖和侵染的地方，晾晒玉米则没有这种情况。

由于以上种种原因，致使玉米的贮藏有较多的技术难题。采用南方安全贮藏小麦和稻谷的技术措施难以达到安全贮藏玉米的目的。

（二）玉米贮藏前的准备及要求

1. 贮藏前库房和筒仓的准备工作　玉米多贮藏在房式仓，也有的贮存在筒式仓。一般，存于筒式仓的时间较短（作周转或在生产工艺流程中），近年来，在对筒式仓做些必要的改造后也有用来长期贮藏玉米的。对房式仓和筒式仓的入仓准备工作介绍如下。

（1）房式仓　房式仓建筑首先要考虑隔热，特别是仓顶的隔热。现介绍两种隔热形式。

①拱板式仓的仓顶可用隔热材料（厚度为25厘米），并用稻壳放在顶部的顶棚与拱板之间。这种隔热措施效果良好，经久耐用，平均粮温比一般房式仓低3.6℃。

②仓顶为平整式钢筋混凝土，墙为砖结构（40厘米厚），仓顶

上还铺有30～35厘米厚的泥土，泥土上面种植草坪。这种仓库隔热性能特别好，与无隔热层的拱板平房相比，最高粮温要低8℃，平均粮温要低4.7℃。

除了以上措施外，为了不让阳光直射入仓内，所有门窗和排风扇口都要用5厘米厚的聚苯乙烯材料隔热，再用双层薄膜严格密封。

(2)立筒仓　立筒仓具有便于实现机械化、自动化操作，提高工作效率，占地面积小等优点，普遍被用作饲料厂的原料贮仓和港口中转仓，供短时间的贮藏和中转使用。原来建造的筒仓一般不具备长期贮藏玉米的功能，为了能做到长期贮藏，需要解决通风降温和熏蒸杀虫等问题，因此要对原有的立筒仓进行必要的改造。为此，须在立筒仓底铺设呈放射状的若干条拱形风道(材料为镀锌钢板)。筒底采用单孔气流二次分配法多道通过贮粮，在仓顶利用离心风机(可选用4-72，NO4.5型)负压吸风。对筒仓顶各孔进行密封，使整个立筒仓具有良好的气密性。如果立筒仓与立筒仓之间有缝隙，可用水泥砂浆填补，筒仓与输送设备之间的密闭可通过滑管改造活动结构来解决。

不论是房式仓，还是立筒仓，在玉米入库(仓)之前，都必须彻底清扫、消毒，并校准粮温检测装置。

2. 贮藏前对玉米本身的质量要求和准备

(1)严格把住玉米水分含量关　北方地区一般在10月份前后收获玉米，收获后含水量为20%～30%。收获后气温骤降，自然降水较难。采取的办法有二种：一是扒穗叶(最好田间扒穗叶晒穗，但可能受到时间限制)堆垛通风贮存，到翌年3～4月份，经过干冷降低水分后脱粒，这时候玉米含水量在14%左右，机械脱粒破损少；二是扒穗叶后立即机械脱粒进行热能烘干，最好采用低温干燥，出机温度不超过60℃，以保证被干燥玉米的质量(经高温干燥的玉米外皮易形成微裂缝)。不论通过何种方式(晾晒或干燥)，要把玉米含水量降到13%以下才能入库(仓)贮藏。此外,还要注意局部玉米含水量高的问题,因为局部水分高会引起局部发热高温、霉变生虫,其范围会逐渐扩大,造成损失。

(2)去杂去尘,严禁带虫玉米入库　贮粮入库前,应先进行机械清理去杂(玉米杂质超过1%不得直接入库)、除尘,这样可减少霉变和害虫孳生(因杂质、尘土常带有真菌和虫卵等),并有利于防止粉尘爆炸。对虫粮、污染粮、霉变异味粮及高杂质粮都要分开并及时处理,不得随意混装入库。

总之,入库(仓)的玉米要符合“干、饱、净、无虫”的要求。

3. 玉米入库(仓)时机的选定　玉米入库时机最好选在秋、冬两季。由于这时外界温度、湿度都较低,入库的玉米可通过通风将粮温降到很低(最好降至7℃以下),并通过熏蒸将害虫灭尽。冬季即使不通风,粮温也很低。若在春、夏季进粮,则要注意气温变化,例如在温度较低的天气,特别是在雨停后的晚上,如果室外温度为30℃,而粮温在40℃左右,通过机械通风粮温可降至32℃,而且水分也相应有所降低。总之,玉米入库后,为了做好度夏工作,必须在低温的冬季进行通风。在冬季气温达到0℃时,通过通风后的粮温达到3℃～4℃左右,可对虫害、微生物起到抑制作用。

4. 玉米入库房和筒仓的安置　玉米一般用编织袋(或麻袋)包装,堆垛于库房的货区,如将1 000平方米的库房分4个货位区,每个货位区的尺寸约为:长×宽×高＝24.5米×9.5米×4.4米。用薄膜分南北两个货区密闭熏蒸(入库后1周左右),施药量为3～3.5克/米^3,用缓释熏蒸,无须环流。3周内粮堆中的害虫可全部灭尽。如果入库玉米带有玉米象害虫,可能造成玉米堆局部发热,粮温最高处可达35℃,经熏蒸灭虫后,再无玉米象活动迹象,粮温逐渐恢复正常。

立筒仓采取散装进料,入仓时为避免玉米分级,在筒仓内可安置散粮板,使物料均匀分布于仓中。北方筒仓贮粮发热,可用倒仓方法降温；而南方夏季高温，如果倒仓，易将低温粮倒成高温粮引起真菌繁殖，可利用夜间温度低缓慢降低粮温。可利用前述改装筒仓（增设风道安装抽风机），进行机械通风降温降湿和熏蒸杀虫，保证贮粮安全度夏。

（三）玉米贮藏方法

玉米贮藏分粒藏和穗藏。穗藏多用于农民和小型农场。我们所阐述的多指玉米脱粒后的籽粒贮藏。其常用方法有：

1. 常规贮藏 主要措施是控制水分、清除杂质、把握入库粮质、坚持做到“五分开”，加强虫害防治与做好密闭贮藏等。“五分开”贮藏将水分高低分开、质量好次分开、虫粮与无虫粮分开、新粮与陈粮分开、不同色泽的分开。

2. 干燥密闭贮藏 玉米粒经过日晒筛选去杂，当含水量降至12%左右后，进行散装密闭贮藏，一般可以安全度夏。入库前做好仓房、设备、器材、工具的清理、消毒，选在冬季粮温降至最低时入库，入库后及时进行粮面草苫覆盖，席子压面，四周用麦糠压边防潮。冬季适当通风，春暖后做好防虫隔离工作，经较长时间贮藏（2～3 年）基本上无虫、无霉。

3. 低温贮藏 低温贮藏是我国北方贮藏玉米的方法。通常是将含水量在 14%左右的玉米在入库后充分利用自然低温通风冷冻，即采用仓外薄摊冷冻、皮带输送机转仓冷冻、仓内机械通风或敞开门窗翻扒粮面通风等方法，使粮温降至 0℃以下，然后加以覆盖（采用麦糠、稻壳、席子、草袋、麻袋片等）密闭贮藏，使玉米长时间处于低温状态，确保贮藏安全。

4. 通风贮藏 通风贮藏是贮藏半安全水分玉米的有效方法。其操作方法有以下两种：

（1）自然通风 将包装玉米堆成“非”字形、半“非”字形或“井”字形长条堆垛，垛宽 3～4 包，垛间留一宽 40～50 厘米的风道，选择气温较高（20℃～30℃）、空气相对湿度较低（低于 60%）的有利时机打开门窗大力通风，即可使玉米水分逐渐下降，保证贮藏安全。若在堆垛间的走道设置排风扇吹风，加速玉米堆垛内气体交换的速度，则降水效果更好。

(2)散装机械通风　将散装玉米贮存在已设置通风地槽、通风竹笼或用粮包堆成通风道的仓房中，堆高 2 米。入库结束后立即扒平粮面，然后选择有利时机(与自然通风相同)，采用离心风机(4-72-11 №4.5A 或 4-72-11№4A)进行强力通风，每天通风约 8 小时，通风时结合翻扒粮面 1～2 次，以加快粮堆表层水分散发的速度，迅速降低玉米的水分。冬季利用低温进行通风，使玉米温度大幅下降，然后在气温升高前及时做好隔热保冷的工作，使玉米长时间保持低温或准低温，实现安全贮藏。

此外，还有所谓综合贮藏法，其具体内容在下面的"玉米贮藏过程中的管理和措施"部分阐述。

(四)玉米贮藏过程中的管理和措施

在玉米贮藏的各个时期，总体要求是要通过熏蒸，做到无虫害；经过间歇通风，使粮温降低，避免高温发热霉变；发生特殊情况应采取相应措施，保证玉米长期安全贮藏。

1. 消灭虫害　一般为害玉米的害虫主要有玉米象、印度谷蛾、米扁虫、药材甲、书虱等。

玉米象的孳生会使粮温升高，因此，从粮温监测情况可判断粮堆有无此种害虫。但是当发现粮温升高时，虫口密度已大于 10 头/千克，此时粮食已遭受不同程度的破坏，如虫蚀粒增加、脂肪酸值(玉米品质重要评定指标)增加等。因此预测玉米象的早期发生是综合防治的重点。新入库的玉米堆下部易孳生玉米象，一般新入库的玉米在 7 月中旬可采取低剂量磷化铝(AlP)(1 克/米^3)、敌敌畏(DDVP)(0.5 克/米^3)、二氧化碳(CO_2)(25 千克/1 千克磷化铝)处理，以后进入常规贮藏，中、下部基本不再生虫。常规贮藏的玉米，在 6 月份至 10 月份应对粮面铺设的纤维板、窗台、仓墙等部位认真仔细的检查。若发现有玉米象的早期活动迹象，应及时用低剂量、混合、间歇等熏蒸方法及时处理。

印度谷蛾的生长发育比玉米象的温度要求低，最早的5月份会有发生，最晚的11月份还有发现，印度谷蛾的活动与光线有很大的关系，一般在黄昏或黎明活动频繁。要掌握好印度谷蛾的防治时机，应在其刚羽化成成虫但还未产卵时全部歼灭。如在库内空间发现3～5头/米^{3}成虫，可在下午3～5时施药(敌敌畏，0.5克/米^3)，杀虫效果较好，施药同时也可放些糖、酸诱杀，杀虫效果会更佳。

米扁虫、药材甲这两种害虫，一般发生在粮堆中的杂质聚集区，发生的时间多在春、秋季，可通过除杂、用磷化铝低剂量局部杀虫处理。

书虱在2～11月份均可能在粮堆或粮面纤维板上发生，一般其发生总伴有水分、湿度的变化，因此只要控制好贮藏的水分和仓内湿度，清洁卫生时用干布擦抹纤维板，即可有效地控制书虱的大量发生。若观察到书虱的大量发生，应及时清扫，通风降湿。

2. 及时检查玉米水分变化，并采取相应措施 玉米水分变化情况是每年10月至翌年2月份粮情检查的主要内容，这个时期也是控制玉米脂肪酸增加、延缓玉米陈化的最好时机。因此，及时检查出问题并有效地处理是玉米安全贮藏的关键。

常规贮藏的玉米水分变化原因有：

①玉米胚部呼吸作用旺盛，吸湿性强，呼吸作用的结果是粮温增加，水分增高，这种情况新粮尤为明显。

②自然通风不彻底造成局部结露，这是由于通风时开窗过少、通风时间过短(少于2小时)造成的。

③自然通风不均匀。有的粮堆中间起梯，通风时造成迎风面降温过快，引起结露使水分增加。

④开始自然通风的时间过晚。当气温低于仓温3℃～5℃即

可考虑开始通风，若温差过大，易造成粮面整体或局部结露。

粮面结露多出现在温度较低的季节，粮堆中湿度较低的部位(在粮堆上部 10～50 厘米)，且大部分不会出现粮堆发热。因此，单从粮温并不能反应结露前后的变化，最简单易行的方法是手插、脚蹚粮堆。若手插、脚蹚粮堆感觉有明显的阻力，手掐胚部有明显的痕迹，则玉米含水量应在 14%～15%，此时应尽快准确检测水分。同时，扒开粮面彻底通风降水，并要求上、下午分别测定水分，直至含水量均匀降至 14%以下。若上一阶段没有及时查出粮情或未及时处理，3 天后水分会增加 1～2 个百分点，1 周后玉米胚部会出现霉变点或严重霉变点，产生明显的霉味，色泽灰暗，脂肪酸值迅速增加，直接影响玉米的使用价值。

3. 各个时期的贮藏管理

(1)春季的贮藏管理　经过冬季的降温降湿后，粮堆温度较低，在春季的暖温天气来临之前(约在 3 月初)，应及时做好粮堆的密封隔热防潮工作，尽量延缓仓温和粮温上升的速度，防止外界潮气的侵入以及外界虫害的感染，以利于玉米夏季的保冷和安全度夏。

具体做法是对粮堆进行严格的五面薄膜密闭(用 0.14 毫米厚的贮粮专用薄膜)，窗及排风孔用聚苯乙烯泡沫材料隔塞，仓门用双层薄膜密闭等。除检查粮情外，尽可能减少开仓门的次数和时间，即使需要开仓门也应选择在清晨的低温时间。

(2)夏季的贮藏管理　夏季是一年中玉米贮藏管理最困难的时期，随着仓温、粮温的不断升高，粮堆中的真菌逐渐活跃，粮粒的呼吸强度也随之增强，所产生的水分和热量越来越多。如果局部的玉米所含水分太高，杂质过多，此处就可能发热发霉，发热到一定程度后，密闭在此位置上的薄膜上就会出现膜内结露现象。夏季气温上升，如果仓温上升较快，而粮温上升较慢，则应选择夜间开门开窗进行自然通风降温，翌日早晨 7 时左右关门关窗。通风时机应把握在粮温高于气温、仓内湿度高于仓外空气湿度的天气，雨天、露天不宜通风。若遇夏天高温天气持续时间长，仓库的气密性、隔热性良好，也可用谷物冷却机降温。

为了度过夏季贮粮难关，对新入库水分均匀、粮情稳定的玉米仓，可以通过严格的密闭工作，通过玉米强度呼吸，造成高二氧化碳低氧气的贮藏生态环境，起到防虫杀虫的效果。对于水分不均匀，粮情不稳定，用常规密闭自然降氧贮藏难以度夏的玉米，可采用高浓度磷化氢抑制真菌的生长，使局部发热粮堆的温度下降，施药浓度为 8～12 克/米^3。值得注意的是水分太高的玉米（大于15％），使用此法时要慎重。经验表明，用高浓度来抑制真菌贮藏的同时，在仓内放置一定量的生石灰，两者可以相互补充，磷化氢可抑制真菌，生石灰可吸收水分。生石灰的用量为贮粮重量的0.15％～0.3％。

在夏天，一旦玉米发热，应立即采取措施，首先在发热点增加测温点，确定发热范围，由人工翻堆找出发热处的粮包。再根据发热的程度做出处理方法：可以让其在粮面散气降温或拖出仓外晾晒，如果仓外天气条件适宜，还可用机械通风方式降温除湿。如果局部点发热较严重，则在此位置压盖的薄膜会出现膜内结露现象，此时应采取措施消除湿热气体，在消除发热粮源后，才能重新压盖薄膜。

若遇到高水分玉米（含水量 15％～16％）入库贮藏的情况，则不宜用薄膜密闭的常规贮藏法，因为玉米呼吸特别旺盛，微生物活动也很强，会散发出大量的水分和热量，用薄膜密闭贮藏就会阻止水分和热量的散发，反而会加速发热霉变的趋势。这时的贮藏方法是把玉米贮藏在四面透风的蓬仓内，若贮藏在一般粮仓内，应把门、窗全部打开，每一纵向小粮堆之间最好留有间隙以利于通风散气。平时加强粮情监测力度，发现局部发热要立即翻堆检查发热点，找出发热的原因、范围及程度，发热较轻的翻出粮面散气即可，较重的则要拖出仓外晾晒。用上述方法贮藏的玉米在气温最高的2个月内平均粮温在27℃～30℃，采取适当措施就可度夏，一般不会有霉变现象，比用高浓度磷化氢抑霉贮藏的效果好，而且成本低。顺利度夏的玉米到了秋天干燥季节便可以开始通风散气，降温降湿。到了翌年玉米就容易贮藏了。

(3)*秋季的贮藏管理*　夏季通风降温等措施，容易使粮堆孳生害虫。秋天是全年降水较少的干旱季节，气温回落，空气湿度较低，此时应抓住时机杀虫。杀虫应选择晴好的天气，当粮堆温度在10℃以上的时候进行。粮堆用56%磷化铝，按3克/米^{3}以下的用量熏蒸；仓内空间可用敌敌畏喷雾或挂袋防治虫害，通风道则可用布袋投药。有条件的地方，还可用磷化氢仓外发生器熏蒸，当熏蒸达到规范要求的密闭时间后，检查杀虫效果，必要时采取相应补救措施。

(4)*冬季的贮藏管理*　冬季气温较低，但南方地区寒潮次数和强度有限。如遇0℃以下的寒潮应抓住时机通风，而且最好是机械通风，将整个粮堆温度降至3℃左右，为翌年低温保管打下良好的基础，同时也延缓粮食的陈化速度。注意雨雪天不宜进行通风，主要是因为空气湿度较大，玉米易吸潮。

4. 贮藏过程中加强对玉米品质和贮藏环境的监控和检测　现行的判定饲用玉米陈化的主要指标是脂肪酸值，该值超过40毫克/10克就不宜贮存了；而市场上饲料粮用户使用玉米时关心的是淀粉含量、蛋白质含量和黄曲霉素含量三大指标，只要前两项指标不下降，后1项指标不超标，就认为玉米质量较好，可见饲用玉米的霉变是最重要的指标之一。

贮藏过程中，利用粮情监测系统，按时对贮粮及贮藏环境进行监控和检测，主要检测粮温、仓温、气温、水分等，掌握粮情变化情况，相应采取措施。一旦查出贮粮品质指标下降或贮藏环境异常（如发热高温等），应及时分析原因进行补救。

对钢筋混凝土筒仓(筒高 28 米,筒径 8 米),每个筒仓铺设 3 根测温电缆,每根电缆有 10 个热敏电阻,点距 2.5 米。用微机可准确检测粮温。

房式仓贮玉米的,可将热敏电阻采用 3 线 9 点(或 12 点)分上、中、下三层均匀布点,通过微机监控粮温。

不论房式仓还是筒仓,在测定粮温的同时要测定仓温和气温,注意三温变化。对安全粮 7 天测温一次,半安全粮 3～4 天测一次,根据三温变化,分析粮情稳定性。

根据三温变化的检测结果,结合取样检测水分,及时掌握玉米质量变化和防治效果。发现异常及时采取有效补救措施。发现虫害,及时熏蒸处理。

二、小麦的贮藏

我国小麦种植地区极广,几乎遍及全国,年产量 9 744.5 万吨(2005 年),是我国主要粮食作物之一。小麦中含有一些重要氨基酸和维生素,是人类和动物所必需的,因而是动物极好的饲料原料。

(一)小麦的贮藏特性

小麦一般后熟期较长,为 2 个月左右,随其种植季节和品种的不同而稍有差异。小麦除了生理后熟作用外,还有一个工艺后熟,完成工艺后熟的小麦,出粉率高,品质好。

1. 小麦的呼吸特点 在新麦贮藏初期,由于处在后熟期,呼吸旺盛,会放出大量的湿热,并易出现出汗、乱温、发热、结露、生霉等现象。若小麦含水量在 13.5%以下,没有害虫感染,小麦温度在后熟期经过一段时间的升高后,一般可以自行恢复正常,不必采取特殊处理。但若水分高、含杂多,在后熟期间麦温会出现持久不降并发生水分转移等现象,严重时会出现粮堆的发热霉变。

小麦完成后熟后,呼吸强度降低,代谢水平下降,贮藏稳定性增加，小麦中的淀粉、蛋白质、脂肪等物质得到充分合成，品质有所改善。

2. 小麦耐热性较强，具有较高的抗温变能力　小麦在一定高温和低温范围内都不致丧失生命，也不致损坏面粉加工的质量。据实验，含水量在17%以上的小麦，干燥温度不超过46℃，含水量在17%以下时，干燥温度不超过54℃，对小麦品质没有影响。小麦的这种耐热性为其高温日晒干燥或高温入库密闭杀虫提供了可靠的理论依据。

3. 有较强的吸湿性　由于小麦皮薄、组织松软，无外壳保护，且麦粒内含有大量的亲水胶体物质，故极易吸收空气中的水分，吸湿性强，带菌量大，贮藏期的呼吸强度大(13.58～14.7毫克二氧化碳/100克·时)。

4. 抗虫性差　小麦抗虫性差，染虫率高，除少数豆类专食性害虫外，几乎所有的贮粮害虫都能侵蚀小麦，其中以玉米象和麦蛾的危害最为严重，且小麦收获入库季正值高温，适合害虫的繁育和生长，所以小麦入库后，对害虫的防治工作应高度重视，要采取行之有效的防虫措施，确保小麦长期安全贮藏。

5. 微生物的危害　小麦上的微生物主要是细菌和真菌。一般麦粒表面的细菌是不能侵入完好的麦粒组织内的，故对其品质变化影响不大，且随着贮藏时间的延长，由于生态条件的变化，细菌会逐渐减少。问题是小麦内部也有微生物存在，主要是植物病原菌和一些真菌。危害小麦的真菌主要是贮藏真菌，它是影响小麦安全贮藏的主要微生物种类。贮藏的小麦中真菌在空气相对湿度达70%～90%时才能生长，每种贮藏真菌生长都有严格的最低的水分界限。表5-1中列出了几种主要贮藏真菌的特性及其对贮粮的影响。

表 5-1 贮藏真菌特性及其对小麦贮藏的影响

真菌名	生长最低水分(%)	对小麦贮藏的危害	使小麦发热温度(℃)	备注
局限曲霉	13.5～14.5	能杀死小麦胚并使之变色	霉生长缓慢不引起发热	—
灰绿曲霉	14.0～14.5	能杀死小麦胚并使之变色,水分高时霉生长快	不会引起温度大幅度上升	—
白曲霉	15.0～15.5	能迅速杀死胚体并使之变色。出现这种现象表明贮藏条件不好	使粮温升至55℃,是粮堆发热的主要因素	粮温升高可作为粮情危险的警报
黄曲霉	18.0～18.5	能杀伤胚体并使之变色,它表明贮藏条件不好或已开始霉变	是发热升至55℃的主要原因	采取通风、翻倒干燥或加工利用等措施
青霉	16.5～19.0(有的低于1℃～4℃,甚至到0℃以下)	能杀害胚体并使胚部和整粒变色,造成霉变、结块和早期发热	不能使发热迅速升至如白霉、黄曲霉所导致较高温度	采取低温(降温)仍然是保持高水分小麦少受损害有效措施

(二)小麦的贮藏技术

小麦的贮藏原则与玉米相同。根据小麦的贮藏特性,通常采用的方法有常规贮藏法、热密闭贮藏法、低温贮藏法和气调贮藏法等。

1. 常规贮藏法 小麦的常规贮藏方法与玉米一样,其主要技术措施也是控制水分、清除杂质,提高入库粮质,贮存时做到“五分开”,加强虫害防治并做好贮藏期间的密闭工作。

2. 热密闭贮藏法　我国早在 1 500 年前就已开始应用热密闭贮藏法进行小麦的贮藏，这种方法在现代得到了进一步的发展和完善。热密闭贮藏小麦对防虫防霉有较好的效果，并有促进新收小麦后熟的作用，能提高小麦的品质。小麦热密闭贮藏的具体方法如下：

利用夏季高温暴晒小麦，晒麦时要掌握迟出晚收、薄摊勤翻的原则，使麦温达到 42℃以上，最好达到 50℃～52℃，保温 2 小时。为了提高杀虫效果，有的单位采取两步打堆和聚热杀虫的方法，即下午 3 时左右趁气温尚高时，先把上层小麦收拢，使粮温较低的底层小麦再经过暴晒，然后再把这部分小麦收拢（第二次打堆）。聚热杀虫是把达到杀虫温度的小麦（堆成 2 吨左右一堆）收拢，热闷 0.5～1 小时，在下午 5 时前趁热入仓。入仓的小麦水分必须降至 12.5％以下。入仓前，应预先做好清仓消毒工作，沥青地坪一定要铺上晒热的铺垫，以免结露或融软黏着小麦。入仓后，立即平整粮面，用晒热的席子、草帘等覆盖粮面，密闭门窗保温，要求有足够的温度和密闭时间。入仓麦温如在 46℃左右则需密闭 2～3 周，才能达到杀虫的目的。然后可以揭去覆盖物降温，但要注意防潮、防虫。热密闭贮藏最好一次入满仓，以免麦温散失，使仓虫复苏。

小麦热密闭贮藏杀虫效果较好，据经验，麦温 42℃时，就有 100％的杀虫效果。害虫致死时间因虫种不同和虫期不同而异，如粉螨卵在 45℃，致死时间为 50 分钟。暴晒时高温持续时间长，入库后保持高温时间也长，杀虫效果更好。热密闭小麦由于水分低，生理活动很微弱，在整个贮藏期中，小麦的水分、温度变化很小，故小麦品质也无明显变化。

3. 低温贮藏法　低温贮藏法是小麦长期安全贮藏的基本方法。虽然小麦耐温性强，但在高温下持续贮藏会降低其品质，低温贮藏可相对保持小麦的品质。这是因为低温贮藏能够防虫、防霉，降低小麦的呼吸消耗及其他分解作用所引起的成分损失。低温贮藏的技术措施要掌握好降温和保持低温两个环节，特别是保持低温是低温贮藏的关键。降温主要通过自然通风和机械通风来实现，保持低温就要对仓房进行必要的改造，增强仓房的隔热性能或者建设低温仓库，这是实现低温贮藏的基础。

我国利用自然低温贮藏小麦大有发展前途，因为我国大部分地区（除华南地区外）都有 0℃～5℃的低温期，北方地区全年平均温度在 0℃左右的时间达 3 个月以上，这对低温贮藏粮食是一个有利条件。一般地区选择隔热、密闭性能好的仓房，做好密闭压盖工作，增强防热防潮性能，特别是进入高温季节时，注意检查粮情，防止外界湿热空气进入仓内造成结露，就可以实现长时间安全贮藏。低温贮藏的小麦，一般要求含水量在 12.5%以下。若水分大的小麦，冷冻温度最好不低于－4℃～－6℃，这在我国东北严寒地区尤其要注意。

小麦低温贮藏能防止虫、霉的侵害。生物体的活动都要有一定温度条件，低于一定温度就要受到抑制或死亡。例如，低于 8℃，一般害虫呈麻痹状态，低于 0℃经一定时间就会死亡。一般粮食微生物在 0℃以下不能发育。螨类对低温的抗性较强，一般须要低于 4℃，才能控制螨类的发展。

试验证明，低温季节进行自然冷冻后再实施密闭贮藏，小麦水分为 12%，粮堆中下层粮温在 20℃的，贮藏 3 年后能保持小麦的正常品质。

4. 气调贮藏法　在小麦的气调贮藏技术中，被目前国内外使用最广泛的方法是自然降氧贮藏法。近年来已在全国范围内得到推广，并收到了较好的杀虫效果。其他气调方法由于成本高，很少得到采用。

小麦收获时气温高，干燥及时，含水量降至 12.5%以下，这时粮温很高，而且小麦有明显生理后熟作用，其生理活动旺盛，呼吸强度大，极有利于粮堆封闭自然降氧。只要管理得当，小麦收获后，趁热入仓，及时密封，粮温平均在34℃以上，均能取得较好的贮藏效果。例如，新小麦含水量在11.5%～12%，粮温35℃～40℃，完成后熟作用前入仓、密封，入库后21天内，氧气浓度降至1.8%～3.5%，可有效地达到低氧防治害虫的目的。

应该指出的是，隔年陈麦，因其生理后熟期早已完成，不能达到自然降氧的条件，不宜采用这种气调贮藏。

三、大豆的贮藏

大豆是我国重要的粮油经济作物，年产量约1 635万吨(2005年)。大豆含有34%～45%的蛋白质、19%～22%的脂肪、25%～28%的糖分和多种维生素，是优质蛋白和脂肪的重要来源之一。

(一)大豆的贮藏特性

大豆因具有特殊的结构和丰富的营养成分，因而有着不同于一般粮食的一些贮藏特性，贮藏稳定性较差。

1. 水分活性高，安全水分标准低　大豆所含的脂肪是疏水性物质，因而其所含水分都集中在脂肪以外的蛋白质亲水胶体部分，致使在整粒大豆含水量较低的情况下，其亲水胶体部分水分含量仍然很高。因此，大豆的安全水分与其脂肪含量有着密切关系，含油量越高，其安全水分就越低。一般情况下，大豆的安全水分必须以非脂肪的亲水胶体部分的含水量作为计算基础，通常是以15%作为标准水分，再乘以大豆中非脂肪部分所占的百分比，算出其安全水分的理论值。即：大豆安全水分(临界水分)＝大豆中非脂肪部分百分比×15%。例如，大豆油脂含量为20%(即其非脂肪亲水胶体部分为80%)，其安全水分理论值为80%×15%＝12%。

2. 吸湿性强，易发热霉变　大豆富含的蛋白质对水分有很强的吸附力。在组织结构上，大豆皮较薄，通透性好，又具有特殊的吸水构造——发芽孔，因此大豆具有很强的吸湿性。其平衡含水量也较其他粮食高，例如，温度在20℃，空气相对湿度为90%时，大豆平衡含水量为20.8%，而玉米、高粱、小麦相应的为19.2%、19.5%、19.9%。

由此可见，大豆的贮藏要特别注意做好防潮防湿工作。

3. 耐温性差，品质易劣变 大豆不耐高温，过高的温度会引起大豆的主要成分发生物理、化学和生物性质的变化，如蛋白质变性、脂肪分解等。这些变化会对大豆质量产生不良影响，使其利用价值和商品价值显著降低，此外还表现在发芽率降低或丧失。

4. 后熟期长，易“出汗”、“乱温” 大豆从收获成熟到生理成熟、工艺成熟的后熟期较长，在此期间，因酶的活性很强，在合成作用和呼吸作用过程中，会释放出较多的水分，这些水分如不能及时散发到空气中，就会积聚在豆堆某部位，造成局部“出汗”。此外，还会释放出大量热量，使豆堆局部温度升高或出现豆堆各部分温度不均匀的“乱温”现象。这些都对大豆的安全贮藏不利，严重时会出现发热、霉烂现象。

因此，对后熟期的豆堆要勤检查、严管理，注意散温、散湿，防虫、防霉，发现问题，及时处理。同时，在贮藏初期应创造高温、干燥、通风良好的环境条件，或采取日晒、干燥等措施，加快其后熟过程，缩短其后熟期。

5. 油分易析出，子叶易“赤变” 大豆中脂肪的导热性不良，热容量大，豆堆的孔隙度又偏低(一般在40%左右)，当贮藏过程中出现高温后很难快速降温，豆堆内长期积聚的热量会促使脂肪氧化分解，破坏其脂肪和蛋白质共存的乳化状态，从而导致出现“浸油”现象；同时脂肪中的色素逐渐沉积，致使子叶变红，即发生“赤变”。浸油、赤变是大豆贮藏中常见的不良理化变化。因此，当豆堆出现发热、吸湿、霉变的隐患时，应及时进行通风降温和散湿处理，以抑制浸油、赤变现象的发生。实践表明：含水量为13%的大豆在7、8月份高温入仓，当豆堆温度达到25℃后就能发生浸油、赤变；若不做降温处理，2～3个月后，豆堆表层及中上层中心处的浸油、赤变粒可达60%以上。

6. 抗虫蚀能力强，不易遭受害虫侵蚀　豆粒表面光滑，种皮含有较多的纤维素和腊质，组织较坚硬，不易遭受害虫侵蚀。此外大豆具有的特殊的豆腥味，也增强了大豆对害虫的抵抗能力。通常情况下，一般贮藏害虫较少对大豆形成侵害。

(二)影响大豆贮藏的主要因素

影响大豆安全贮藏的主要因素是温度、水分、湿度、含杂量和微生物。

1. 温度　温度对真菌的生长繁殖有着直接的影响。试验证明：含水量为14%的大豆，在温度为5℃～8℃的环境中贮藏2年以上不会霉变，但在30℃时，几周内就会出现霉变，6个月内就会出现严重霉变和霉烂现象。温度还是引起豆堆内水分转移的主要原因之一。无论是因为外界环境温度的变化，还是豆堆内生物群落呼吸作用的影响，豆堆只要存在温差，就会引起料仓的空气流动和水分转移，即使是安全水分的大豆也可能发生变质。

2. 水分和湿度　大豆的水分含量与安全贮藏期的长短有着直接的联系。实践证明：含水量在10%～12.5%的大豆可安全贮藏1～3年；含水量在13%～14%的大豆可安全贮藏6～9个月；含水量在14%～15%的大豆只能安全贮藏6个月左右。水分也是影响大豆发芽率的主要因素之一。在一定温度和贮藏期条件下，贮藏大豆的发芽率随水分含量增大而降低，直至发芽率为零。

湿度的高低直接影响着大豆的含水量。按照平衡水分理论，当其周围的环境湿度较高时，大豆就会吸收水分，致使含水量增加。反之，会失去水分。试验证明，温度为20℃，含水量为12.5%的大豆，长期贮藏在环境空气相对湿度为90%的条件下，其含水量可升高至20.8%；而长期贮存在环境空气相对湿度为70%的条件下，其含水量可降低至11.6%。

水分对大豆贮藏安全性的影响与温度的高低有着密切的关

系，受温度范围的制约。在不同温度下，大豆的安全贮藏水分值并不同：25℃时大豆的相对安全水分为12.5%，20℃时为13%，8℃时为17%。

3. 杂质 杂质也是影响大豆贮藏稳定性的主要因素之一。大豆在收获后，若清杂工作不彻底，常会夹带一些杂草、稗子、叶片、穗梗、虫卵、沙土、灰尘等杂质，这些杂质中大部分物质的生理活性较强，易吸潮、带菌多、易发热、易腐烂，是大豆发热、增水、生霉、赤变的诱因。

含杂的大豆在入仓（特别是筒仓）过程中，会产生明显的自动分级。大杂和轻杂集中在仓壁附近，细杂集中在豆堆的中心区域，使豆堆内透气性存在显著差异。在通风过程中，这将导致空气在细杂较集中的区域受阻，绕道从大杂集中的区域迅速穿过，从而造成通风过程中气流分布不均，并使细杂集中的区域成为潜在高温点。在这些潜在高温点容易造成湿热积聚，为微生物、害虫的生长繁殖提供条件，极易引起发热霉变和害虫的发生，严重影响大豆的贮藏安全。

4. 微生物 微生物是大豆安全贮藏的潜在危害。大豆中蛋白质、脂肪含量很高，是微生物生长繁殖的极好基质。在大豆种植、收获及贮藏过程中，都不可避免要感染微生物，使豆堆内存在着大量的微生物（主要是真菌、细菌、酵母菌等），只要有合适的温度和含水量（或环境湿度）条件，就会引起微生物的生长繁殖。试验表明：含水量在10.5%以下的大豆，在任何温度下都不会引起霉变；含水量达到12.5%时，温度必须控制在20℃以下，才能避免霉变发生；含水量在25℃时，含水量为15.8%的大豆贮藏3个半月，就会出现明显的霉变。大豆霉变不仅使大豆出油率严重下降，脂肪酸值升高，而且还会由于微生物代谢产物的污染而使油脂含有各种真菌毒素。因此，微生物的控制在大豆贮藏中极为重要。

(三)入库贮藏前的准备工作

入库前的准备工作包括两大方面：一方面为大豆本身准备入库贮藏的条件；另一方面是为大豆准备外界环境条件(贮藏设施和配套设备)。其中，前者要求大豆质量应符合国家标准 GB 1352—1986(大豆)中的三等及以上等级的质量指标规定，达到《粮油贮存品质判定规则》中"宜存"标准的要求。具体来说，过夏长期贮藏的大豆，在一般情况下，在东北、华北地区，其安全贮藏水分应控制在13%以内，其他地区应控制在12.5%以内；杂质含量控制在1%以内，纯粮率达到90%以上。为达到这些要求，必须对大豆进行干燥和杂质清理。

1. 大豆干燥降水的主要方法　根据实际情况从以下5种中选用。

(1)带荚晾晒　在大豆分段收割后脱粒前的垛晒的基础上，在收获入垛后带荚趁晴天铺晒2～3天，随后脱粒、阴凉并入库贮藏。因豆荚的保护，晾晒过程中不会出现豆粒裂皮皱纹，既保护了大豆的光泽及外观质量，又延缓和减轻了浸油和酸败过程，有利于保持大豆的原有品质。

(2)脱粒晾晒　脱粒大豆入仓前进行晾晒是普遍采用的干燥方法，但大豆晾晒时应避免强烈日光照射，豆温不超过44℃～46℃，以防止出现大豆裂纹、脱皮、爆腰、破碎、光泽减退、子叶光泽变深等不良现象。

(3)通风干燥　由于大豆籽粒表面光滑，豆堆孔隙度小，实施通风干燥除需正确选择降水时机外，还必须满足以下条件。

①空气水分不宜过高，应在超出安全贮藏水分标准2%以内。

②应采用高风压大风量的风机，确保单位风量不小于48米^3/时·米^3。

③空气分配系统应符合通风降水的基本需要，风道距离不宜超过豆堆高的1/2。

④粮层不宜过厚，豆堆的高度最好控制在3米以内。

因受外界环境条件的限制，通风干燥耗时长，最好配合采用空气加热器或去湿机等辅助设备，否则很难满足高水分大豆及时干燥的要求。

(4)机械烘干　若采用快速烘干，大豆种皮容易爆裂，出现爆腰粒。在种皮受伤后，大豆呼吸强度增大，这将导致大豆更加不耐贮藏。

为避免大豆爆腰和在高温下的品质劣变，机械烘干时应根据水分的高低，合理地确定受热温度和受热时间，选用比较缓和的烘干条件，保证烘干后大豆品质良好，不降等级。一般情况下，烘干大豆允许一次降水幅度为1.5%～3%，豆粒受热温度应不超过30℃，干燥介质温度控制在60℃～70℃，干燥时间为40～50分钟，烘干机出口的豆温应低于40℃。为了提高烘干后大豆的水分均匀性，应将待烘大豆按1.5%的水分间隔进行分堆暂存，分批烘干。

(5)倒仓风扬　对水分高于安全贮藏水分标准0.5%以内的半安全粮，还可选择干燥多风的天气，进行长距离的倒仓、远程输送，风扬降水。此法对已出现吸湿、结露现象，而又无法通风干燥的大豆做应急降水处理的效果最好。

2. 大豆清理除杂　大豆在入仓贮藏前和贮存过程中，应采用多重筛选的方式进行彻底清理，为其安全贮藏创造良好的条件。具体操作如下：

①利用循环吸风式鼠笼双滚筒初清筛，分离大、轻型杂质。

②利用复式比重重力分级振动筛，靠风力将筛面物料悬浮分级，进而由筛面水平运动及风力分离重型杂质。

③利用平面回转筛进一步清理小型杂质。

④在输送和入仓过程中，利用除尘系统排除物料中的灰尘及部分轻型有机杂质。

3. 仓房及配套设施和设备的准备

①长期贮藏大豆的仓房应达到仓顶、仓墙不渗漏，地坪不返潮，具有良好的防潮、密闭和隔热性能。在条件允许的情况下，还应对仓房的仓顶、仓墙和孔洞进行彻底的保温隔热处理。

②长期贮藏大豆的仓房应配备通风系统、熏蒸系统、粮情监测系统等完整可靠的仓贮配套设备。

③仓房及配套设施和设备在大豆入仓前应予彻底检修、打扫，清除残留粮粒、灰尘，并进行有效的空仓、杀虫和消毒处理。

（四）入仓操作注意事项

①大豆应尽可能选择在 11 月末至翌年 3 月底前的低温季节入仓为宜。

②对不同种类、不同等级、不同粒型、不同水分含量、不同生产年度的大豆宜分仓贮存，以便采用不同的贮藏和管理方式。

③红眼豆、霉变豆以及冻伤豆，不符合卫生指标的大豆，已出现或存在发热、霉变及生虫等现象的大豆，均不得入仓贮藏。

④在大豆入仓时，应尽可能不采取分批次间歇入仓的作业方式，以防止因豆堆内存在明显温差而造成内结露的现象发生。

⑤应采用对物料作用力和缓，不会造成豆粒损伤的输送和装卸设备，进行大豆的倒运和进出仓作业，保证大豆在长距离输送时，尽可能不出现裂纹、脱皮、破损等现象。

⑥在装仓过程中，应采取有效措施，减少自动分级和破碎现象。具体措施如下：

第一，装入平房仓时，应经常移动输送机的位置，并尽可能采用摆头式输送机进行多点卸料。

第二，装入浅圆仓时，尽可能先由仓门处用输送机进料，并经常移动输送机的位置进行多点卸料，待豆堆厚度达到 3～5 米时，再由仓顶中心进料，以减少落差，减少豆粒破损、自动分级和杂质积聚现象。

第三，装入高大立筒仓和砖圆仓时，除采取有效措施（如缓冲分散托板）减轻自动分级和杂质聚积现象外，还应注意避免大豆从高处自由下落产生破碎。

（五）入仓后的管理工作

1. 各个季节的操作

（1）促其后熟，提高贮粮的稳定性　在入仓后的第一个月内，大豆应尽可能贮藏在高温、干燥、通风良好的环境中，以促进其后熟。后熟后应利用有利的气候条件（低于料温5℃以上时），采用通风机及时进行均温散湿通风。若无合适的通风机，应选择相对低温干燥的天气，进行倒仓作业，倒仓距离应尽量远些，以便充分降低料温，及时散发湿热，提高贮藏稳定性。

（2）利用冬季自然低温进行降温，为安全度夏奠定良好基础　根据具体粮情，在11月至翌年2月期间，应利用冬季自然低温，分阶段进行机械通风降温，在北方地区将温度降至5℃以下，在南方地区争取将温度降至15℃以下或尽量低些，为安全度夏打下良好基础。

（3）防止外界湿热和有害生物侵染，密闭防潮，安全度夏　在春夏气温上升季节，对仓房的通风道、门窗和孔洞进行密闭和防潮处理，使仓内低温豆堆密闭贮藏，防止外界湿热和有害生物侵染。

对计划采取压盖处理的豆堆，应首先确定其水分、后熟是否处于安全贮藏状态。压盖物要求具有防潮吸湿性并经过清洁消毒处理。压盖应在温度回升前进行，确保豆堆处于隔热密闭控温贮藏状态，以减弱豆粒的呼吸作用，防止蛾类害虫孳生，延长低温贮藏期。

在仓房低温密闭和豆堆压盖贮藏期间，应密切注意粮情的变化。若出现粮温回升较快，仓湿显著增加，豆堆出现高温点等异常情况，应及时解除密闭，查明情况，采取相应控制措施，在解除隐患后方可重新密闭。

进入夏季高温季节后，应加强对低温豆堆的管理，除必须的定期检查外，要尽量减少开仓次数。当仓温和仓湿过高时，还应在夜间和清晨等环境温湿度相对较低的时间段，适时利用排风扇（轴流风机）进行短时、间歇性通风换气，以排除仓内积聚的湿热。在检查粮情时，特别注意豆堆浅层（粮面下 2 米以内）和仓壁附近（距仓壁 1.5 米以内）的粮温变化，当粮温超过安全值或豆堆内出现积热、局部高温等异常情况时，应及早进行局部通风降温处理；若发现豆堆整体出现明显温度回升时，则应采取更为有效的降温措施，必要时可采用谷物冷却机冷却通风降温。

（4）夏末和秋季注意灭虫　在夏末和秋季，若发现有蛾类害虫危害时，应及时采取灯光诱捕、敌敌畏挂条熏蒸等有效措施捕杀。若发现有其他贮粮害虫，可针对性地采取化学防治或药剂熏蒸进行彻底处理。

（5）秋末冬初注意结露现象的发生　在秋末冬初，防范重点是季节转换时可能出现的结露现象。北方地区在 9 月下旬，南方地区在 11 月初，应抓紧有利时机（气温低于粮温 5℃以上），及早进行一次散热通风。在翌年 2 月前，分阶段进行机械通风降温，再次将豆堆温度降低到 5℃（北方地区）或 15℃（南方地区）以下，开始下年的温控贮藏。

2. 粮情监测及应急处理　只要对豆堆内外情况变化定时地系统地监测（每周不少于 2 次），对大豆品质变化进行定层、定点取样化验（每季度不少于 1 次），并借助感观鉴别等辅助手段，便可及早发现贮粮隐患，及时采取应急措施。

（1）粮情监测并分析比较　发热是大豆贮藏中最常见的征兆。在贮藏期间，应对豆堆温度和仓房的温湿度进行定时监测和连续跟踪监测，比较测得温度的变化趋势，分析判断贮粮粮情。当出现以下情况，即视为存在发热隐患：

①与贮存在同类仓型中的同期大豆进行比较，若两个仓中平

均粮温相差5℃以上，则高温仓可能存在“发热”症状。

②对同一仓不同部位的粮温进行比较，某局部粮温高出其他部位粮温4℃以上，则该部位可能存在“发热”隐患。

③与上次检测的温度进行比较。若此次粮温比上次粮温突然增高或温升速度加快（如每天升高的温度超过2℃），则可视为出现“发热”症状。

（2）抽样检测与感观鉴别相结合　当豆堆和仓房的温湿度出现异常时，还应进仓检查，特别是对敏感区域（如豆堆表层、仓房四周、杂质聚积区等）和发热区域进行检测和感观鉴别，进一步判断隐患类别和严重程度。具体操作如下：

①闻：用鼻闻仓内是否有异味。若发现有霉味、辛辣或其他异味，则判定存在霉变情况。

②踩：用脚踩粮面感觉粮面松软程度。若发现豆堆表面发硬，则判定存在“结顶”情况。

③抓：用手抓豆粒感觉其干湿和软硬程度。若发现豆粒有潮湿感，判定存在“出汗”或“结露”情况；若发现豆粒变软，则判定有“吸湿生霉”或“赤变”的可能。

④观色：用肉眼观察豆粒种皮和子叶部位的颜色和状态。若发现种皮灰暗、泛白，则判定有“初期霉变”的可能；若发现子叶靠脐部位的色泽变红，则判定为出现“红眼”；子叶颜色明显较深，则判定已出现“赤变”；若子叶呈蜡状透明，则判定已出现“浸油”；若豆粒出现白色斑点或破碎粒出现绿色菌落，则判定为出现“重度”霉变或毒烂情况。

⑤观察渗漏、害虫等：观察仓内和豆堆有无雨雪渗漏处、有无虫害情况及其他不良现象。

（3）采取正确的应急处理　豆堆出现吸湿结露、发热、结顶和霉变等症状时，应采取应急措施，缓解和消除隐患，排除发热对安全贮藏的不良影响。

①发热的处理:应根据发热原因采取不同措施。如因大豆吸湿、水分较高而引起发热,最根本的措施是要进行干燥处理(如烘干、晾晒、或机械通风降湿降水);如因杂质聚积而引起发热,应进行倒仓过筛或局部挖掘清除杂质;如因害虫活动而引起发热,应首先熏蒸杀虫,再通风降温。同时,要根据发热的范围采取不同的处理方式:局部发热,可采用局部通风处理的方式;整仓发热,则必须采取全仓冷却通风或倒仓作业,以彻底消除积热。

②“出汗”和“结露”的处理:应根据其发生部位和严重程度采取有效措施:对发生于表层的轻微出汗和结露,可采取及时扒沟、翻动粮面等措施,利用自然通风或机械通风方式,排除湿热;表层出汗和结露严重的不宜深翻,应迅速采取分开结露层并单独烘晒的办法,以免引起更大范围的发热、霉变;对豆堆内部或底部出现出汗或结露,若采用机械通风无法彻底解决,应选择在相对干燥而低温的天气进行倒仓处理;当某区域出汗和结露严重时,应首先采取转仓干燥或烘晒降水处理,并将其单独贮存。

③霉变的处理:应根据霉变的严重程度采取不同的措施。对初期变质的大豆,应采取通风降水措施,除去霉味,散发湿热,冷却粮堆,同时,还应采取磷化铝低剂量熏蒸的措施,抑控真菌生长,必要时还可采取臭氧熏蒸等化学防霉措施,彻底消除霉变隐患。对已生霉或霉烂的大豆,必须将其四周波及的大豆移出仓外,进行彻底干燥处理,单独存放,并根据霉变情况改作他用。

④结顶的处理:一般采用人工扒沟的方式,疏松粮面,破坏结顶,促使内部的湿热尽快散发,避免留下发热、霉变、生芽等的隐患。若结顶部位还存在结露、霉变现象,则按前述相应方法进行处理。

⑤害虫的处理:应根据害虫的种类和习性,立即采取相应的熏蒸和防治措施。

(六)大豆品质判定指标及其检测方法

1. 两项评价大豆贮存品质的测定方法　评价大豆品质的定

量指标很多，而以蛋白质溶解比率和粗脂肪酸价两项指标变化最明显，检测最方便。因此，我们一般将这两项指标作为判定大豆贮存品质的指标。

(1)粗脂肪酸价的测定　参照 GB5512—1985《植物油脂检验粗脂肪测定法》规定的方法提取粗脂肪，再参照 GB 5530—1985《植物脂肪检验酸价测定法》规定的方法检测粗脂肪酸价。

(2)蛋白质溶解比率的测定方法　见本节"油粕的贮藏"中"豆粕贮藏技术"有关部分。

2. 大豆贮存品质判定指标　我国目前采用的《粮油贮存品质判定规定》对大豆品质判定指标做了如下规定：

(1)大豆宜存指标　粗脂肪酸价≤3.5 毫克氢氧化钾/100 克；色泽气味正常。

(2)大豆不宜存指标　粗脂肪酸价＞3.5 毫克氢氧化钾/100 克，≤ 5 毫克氢氧化钾/100 克；蛋白质溶解比率≥60%，＜75%；色泽气味正常。

(3)陈化大豆指标　粗脂肪酸价＞5 毫克氢氧化钾/100 克；蛋白质溶解比率＜60%，色泽不正常，有异味。

3. 安全贮藏期限的确定　大豆贮藏期限与大豆水分、贮藏温度有密切关系。水分越高，温度越高，安全贮藏时间越短。应根据当地气候条件，大豆安全贮藏水分标准以及用途不同灵活掌握。试验证明：当含水量为 8%～10%时，温度在 20℃～30℃条件下，可贮藏 2～5 年；含水量为 13.5%～14%时，在 10℃～20℃条件下可贮藏 2～4 年；在－10～－2℃条件下可贮藏 10 年。

实践表明：即使采用温控贮藏大豆，经过 2 个夏季后，其品质指标均会达到或接近"不宜存"的状态。因此，一般情况下，大豆的贮藏期限不宜超过 3 年。

四、油菜籽的贮藏

(一)油菜籽的贮藏特性

油菜籽含油量平均为35%～42%，蛋白质含量为20%左右，是一种重要的油料和蛋白质饲料原料，我国年产油菜籽1 305.2万吨(2005年)。

1. 易吸潮发霉　油菜籽皮薄，粒小，质嫩，脂肪含量和蛋白质含量高，籽粒间隙小，吸湿性强，不易散热。收获时，正值梅雨季节(5～6月份)，雨水多，湿度大，若不及时干燥，极易霉变，影响出油率和油、粕质量。

2. 易发热生芽　油菜籽的胚成熟早，呼吸强度大，无明显后熟期，吸湿返潮后，极易生芽，也易发热霉变。含水量13%的油菜籽，一夜之间温度即能升高10℃以上，籽粒全部生霉变质，这种现象被农民称为"一夜穷"。因此，一般油菜籽不作长期保管，大都在入库后尽快做榨油处理。

3. 呼吸旺盛、易生虫　油菜籽在相同条件下较其他粮食作物呼吸作用旺盛，因此易生虫、螨。

(二)油菜籽贮藏技术

1. 常规贮藏　它是在正常情况下常用的贮藏方法。油菜籽的常规贮藏应注意以下三个环节。

(1)干燥降水　干燥降水是菜籽安全贮藏的关键措施。经验表明，将油菜籽的水分控制在9%以下，才能安全度夏。水分超过10%，在高温季节就开始结块，水分在12%以上能霉变成饼。故对高水分油菜籽应抓紧干燥降水，降水的方法以日晒为主，烘干为辅。

油菜籽吸湿容易，散湿也快，晴天出晒，薄摊勤翻1天可降水5%左右。日晒时应先将晒场晒热，然后铺放油菜籽。降水后也要避免热时入仓，以免造成上下油菜籽散湿不均，形成较明显的水分梯度，影响降水效果及入库后的贮藏稳定性。

在不具备日晒条件的情况下，应及时烘干。烘干降水时，应严格控制温度，一般热风（介质）温度不超过 80℃～85℃，以免影响油菜籽质量。水分在 13%以上的油菜籽，可以分三次完成烘干：第一、第二、第三次分别降水 6%～8%、4%～6%和 3%～4%。这样烘干能获得良好的降水效果并能保持油菜籽的品质。同样，烘干的油菜籽必须及时摊凉或通风使其充分冷却后才能入仓贮藏。

(2)分批堆垛　轮流入仓是降低入库油菜籽堆温度的有效措施。其做法是，当收购（或接收）的油菜籽分别装入数座仓房或数个堆垛时，一次堆积的高度不宜超过 0.5～1 米，隔 2～3 天后再继续装入油菜籽，直到堆成垛为止。这样轮流入仓，每次装入仓内的油菜籽少、散热快，有利于减少堆内湿热的积聚。经验表明，分批堆垛贮藏的油菜籽，其堆垛温度比一次完成入仓的低 4℃～5℃，且上、中、下三层温度较为均匀。

(3)分级贮藏　新入库的油菜籽，根据其水分高低划分等级，分别处理：

①含水量在 9%以下的油菜籽，适于较长期的保管，一般在 7 月底之前不致发热霉变。如为散装贮存，堆高以 2 米左右为宜。包装贮藏可码 12 包高。

②含水量为 10%～12%的油菜籽，不宜立即进厂加工，可短时期贮存 1～2 个月，在此期间应抓住时机降水干燥，将水分降至 9%以下，再进厂加工。

③含水量在 12%以上的油菜籽属于危险油料，随时可能发热霉变、生芽，应尽快日晒或烘干。

(4)压盖防潮　它是防止油菜籽在贮藏期吸湿的有效方法。其过程一般是在春季多雨季节，用干燥无虫的麻袋覆盖在油菜籽堆表面，遇到晴天及时将覆盖的麻袋取出晒干，待冷凉后再覆盖在油菜籽堆上，这样反复，可以保证上层油菜籽不会吸湿返潮。

2. 高水分菜籽的应急贮存　油菜籽在5～6月份收获，由于时间紧、数量大，又值梅雨季节，抢收的油菜籽，水分大都在20%以上，若不能立即干燥降水，则必须采取应急措施处理。唯一有效措施是密闭，方法有二：一种是磷化铝化学密闭，另一种是自然缺氧密闭，前者优于后者。实践证明，用这两种密闭方法处理高水分油菜籽，可保持油菜籽在2～3周内不发热、不发芽、不霉烂，这样能赢得时间，以等待时机，出仓暴晒。这两种方法都是临时性紧急抢救措施。

化学贮藏法就是用塑料薄膜严格密封油菜籽堆，并在堆内施放适量的磷化铝(施药量9～12克/米^3)。一方面利用微生物与油菜籽本身的呼吸作用消耗堆内的氧气造成缺氧状态；另一方面利用磷化铝释放的磷化氢杀虫或抑制真菌，防止油菜籽发热、发芽和霉变，从而使油菜籽在2～3周内基本保持稳定状态。

自然降氧贮藏法与前述的玉米自然密闭降氧方法相同，这里不做赘述。采用自然降氧贮藏法贮藏含水量为20%的油菜籽，保管时间不宜超过15天；含水量为25%的，一般不宜超过10天；含水量达30%的则不宜超过7天。

应急措施只能是应急短期贮存，应抓紧时间，尽快干燥降水，以便转入正常贮藏，才能确保安全。

此外，还要注意检查塑料薄膜的破损、漏气，发现问题及时修补。在油菜籽堆密封后，薄膜内和容器内缺氧并充满二氧化碳，对人有窒息致死的危险。因此，在启封时要充分通风后，才能搬运油菜籽，以确保人身安全。

五、油粕的贮藏

油粕是油料经预榨、溶剂浸提油后的副产品，是饲料的主要蛋白质原料之一。油粕包括豆粕、菜粕、棉粕等。我国年产这三种油粕约1 700万吨，其中豆粕、菜粕各约700万吨，豆粕主要用作饲料蛋白质原料，而菜、棉粕用作饲料的不到50%。由于双低毒油菜品种（菜籽芥酸含量和硫甙含量很低）的推广，菜粕用于饲料的比例在逐渐提高。

以下以豆粕、菜粕为例，阐述油粕的贮藏技术。

（一）豆粕（饼）的贮藏

豆粕大多呈松散片状，也有的呈颗粒状（从巴西、阿根廷进口的豆粕）。

1. 豆粕贮藏的主要问题

（1）*霉变是豆粕的主要危害*　失去了生命的豆粕，其原有的种皮和结构被破坏，质地松散，营养物质裸露在外，极易吸潮而霉变污染。据有关资料介绍，豆粕因霉变导致品质下降的比例几乎达到100%。

（2）*豆粕易受虫害*　由于豆粕的贮藏性差，极易受害虫的侵害。因此，防止害虫对豆粕的危害，保持其原有的营养成分是豆粕贮藏的一个重要问题。

（3）*豆粕流动性差，贮运麻烦*　豆粕大多为松散片状，流动性差，易结拱，时间长了会黏结在一起，给贮藏运输带来麻烦。当豆粕含水率高、存放时间长、物料粒度小时，问题更加严重。

散装豆粕最好存放在房式仓里。采用立筒仓贮存豆粕，则需相应配备新型扫仓绞龙。扫仓绞龙有不同类型和产量：一种型式用于粉、粕状物料从平底筒仓出仓；另一种用于锥斗底筒仓的出仓。但配备这类绞龙投资较高。

若豆粕添加0.25%～0.5%的碳酸钙、钙式膨润土或钠式膨润土，可有效地提高其流动性；也可采用电气振动出仓器、压缩空气等用来改善豆粕的流动性，以利于出仓。

2. 影响豆粕贮藏性能的主要因素　影响豆粕贮藏性能的三个主要因素为：水分、温度和贮藏期。当然，豆粕的品质及其含杂量也会影响贮藏性。

(1)水分　水分是影响豆粕贮藏性能的最重要的因素。豆粕是吸湿物质，当其周围的空气湿度大时，就会吸收水分，反之会失去水分，其吸水率和失水率与其暴露于空气的方式有直接的关系。

(2)温度　温度是影响豆粕贮藏性能的另一个重要因素。在豆粕中，真菌的生长繁殖和化学变化(如氧化)都随着温度的提高而加快。

(3)贮藏期　随着贮藏时间的延长，豆粕的品质会逐渐降低。

豆粕在贮藏过程中产生变质是水分、温度和贮藏期综合作用的结果，因此，为了安全贮藏，应综合控制这三个因素，形成不利于真菌、害虫生长的环境条件。如，降低豆粕含水量、降低环境温度，缩短贮藏期，这些都可为安全贮藏创造条件。

3. 豆粕贮藏的技术措施

(1)控制豆粕真菌的生长　由于豆粕中营养成分含量丰富，极易受到真菌的侵染，特别是在高湿、高温、氧气充足的情况下，豆粕吸湿较快，水分升高，放出热量促使真菌的生长。豆粕一旦生霉会导致其蛋白质态氮的下降，氨基酸总量的减少(以赖氨酸和精氨酸为甚)，粗脂肪分解氧化，碳水化合物分解成二氧化碳和水，造成无氮浸出物含量下降，维生素含量下降，水分含量增加，干物质减少，从而大大降低豆粕的饲用价值。同时，还会放出能量导致局部发热、结块。在一定条件下，真菌还会产生毒素，危害饲喂对象，污染环境，并对人类的健康和生命构成威胁。控制在双低(低湿、低氧)条件下以抑制真菌生长是防止豆粕生霉的有效措施之一。具体措施就是对豆粕堆进行五面(或六面)密封，与外界环境隔绝，造成内在环境缺氧，并在磷化氢气体的作用下，防止霉变，保持豆粕色泽、气味正常。

(2)豆粕虫害的防治　符合入库要求的豆粕入仓后要及时密闭，可以防止虫害的感染，加上磷化铝拌谷壳铺底，防潮防虫效果更加明显。豆粕的孔隙度小，对药剂的吸附性较强，再加上磷化铝能吸湿且当磷化氢达到一定浓度能抑制真菌生长，采用 12 克/米^{3}磷化铝进行熏蒸处理，防虫效果显著，在防霉控温方面也能起到一定作用。

为了使豆粕在一般简易仓库中得以安全贮藏，除采用五面(或六面)密封，实行“双低”(低湿、低氧)贮藏外，要更好地控制料温，防虫抑霉，保证豆粕饲用价值，还要作好以下一些基本工作：

①降温入库：豆粕水分低，孔隙度小，如果贮藏温度高，就能吸湿放热，促使温度上升，氧化作用加强，引起虫、霉繁殖和发热，甚至会发生自燃现象。

②控制水分：对于较高水分的豆粕，应先降水分，将水分控制在 13%以下，再进行密闭贮藏。

③做好防潮防霉工作：要特别注意货位底部的防潮，如果地面出现返潮会导致底层豆粕生霉、结块，甚至引起整个垛位升温、生霉。垫底谷壳厚度一般在 10～20 厘米。

④温度控制：将料温控制在 25℃以下为宜，超过 25℃吸潮加剧，水分增加，水分升高后又反过来促使料温急剧上升，导致发热霉变。

⑤加强日常的检测工作，便于及时发现问题处理问题。

⑥抓住秋冬低温干燥季节及时通风、降温降湿。

4. 豆粕变质的测定指标

(1)豆粕蛋白质溶解率　按照饲料用豆粕粗蛋白测定方法(TB 5500-85)对豆粕粗蛋白质含量的测定值，不能反映出豆粕的品质变化。但用豆粕中水溶性蛋白质含量与粗蛋白质含量的比值(即蛋白质溶解率)可以真正反映豆粕质量的变化状况。豆粕的蛋白质溶解率可按下式计算：

$$\text{蛋白质溶解率}(\%)=\frac{\text{水溶性蛋白质含量}}{\text{粗蛋白质含量}}\times 100\%$$

有试验表明，豆粕蛋白质溶解率会随着贮藏时间的延长而大幅度降低(表 5-2)。

表 5-2　新旧豆粕贮藏时间对蛋白质溶解的影响

品　种	贮藏时间	粗蛋白质含量（湿基）(%)	蛋白质溶解率(%)
新豆粕		44.6	33.2
		45.1	33.8
		45.7	34.1
		46.0	34.6
陈豆粕	2 年	44.3	13.4
		45.4	14.7
		45.6	14.9
		45.7	14.5
	3 年	45.0	12.4
		45.3	13.7
		45.4	14.2
		46.0	10.4
	4 年	44.8	10.8
		44.2	12.7
		45.6	11.6
		45.8	10.6

从表 5-2 数据可知，贮藏 2 年以上的豆粕蛋白质溶解率都低于 20%。

(2)豆粕中真菌数与豆粕粗蛋白含量的相关性　随着真菌数的增加，豆粕粗蛋白质含量虽然有一定的变化，但两者之间没有较强的线性关系。随着真菌数的增加，豆粕的氢氧化钾溶解度有降低的趋势，二者有明显的相关性。因此，氢氧化钾溶解度可以作为豆粕真菌生长的评判标准。

(二)菜粕的贮藏技术

菜粕的贮藏除了参考上述豆粕贮藏技术之外,还要解决菜粕的自燃问题。

1. 菜粕产生自燃的原因 油菜籽大都采用预榨——浸出的加工工艺。浸出油时需添加溶剂油,因此菜粕内可能残留溶剂油。菜粕中还含磷1.29%,含脂肪8.6%。磷能自燃,燃点为40℃,而脂肪、溶剂油都是易燃物质。当温度升高时,易受空气氧化。据资料,菜粕的脂肪含量超过9%时容易发生燃烧。

菜粕浸出时需要通过高温(温度可达130℃~150℃),排料后没有完全冷却就包装运输,进库时料温高达60℃,含水量12.8%。且菜粕入库时正值暑期(7~8月份),气温偏高,入库时间短且数量大,散装堆集一处,由于菜粕导热不良,热量难以散发,加之微生物发酵也产生热量,使温度持续上升,乃至发生自燃。因自燃处在中层,故不易发现。燃烧时表层温度也有升高,物料下凹,气味甚浓,有烟无明火,温度可达90℃。

2. 防止自燃的措施 菜粕自燃发生在中层。因此,只要将中层热能降低,就可防止菜粕的自燃。具体可以采取下列措施:

(1)安装排气扇(轴流风机),在料堆中插入竹气筒 在仓库(250吨级)安装两台(直径500毫米)排气扇。当散装菜粕堆高在1米以上时,每隔1.5米放置一个竹气筒,这样可解决两个问题:

①排气扇可起到调节温度的作用。据试验,开动2小时,可降低料温3℃。

②放置竹气筒,散装菜粕的热气可通过气筒上升散发,再经过排气扇排出仓外,并且温度计也可以从竹气筒插入,能够准确地测得上、中、下三层料温的变化情况。

(2)十字沟断 料堆表层有空气吸热,底层有地面传热,但中层菜粕密度大,不易散热降温。“挖沟创塘”是粮食贮藏常用的散热降温方法之一。具体做法是:在仓库中间用麻袋堆码成纵10

米、横 12 米、高 9 米的十字沟，间隔距离 50 厘米，这样菜粕中层的热量就可从断切面散发出去。

此外，在仓库装满后的 40 天内，一定要将料温控制到 45℃以下。因此，必须坚持查仓制度，发觉温度偏高就应开门通风，启动排气扇降温。

采取上述贮藏技术措施，可解决高温自燃的老大难问题。

六、禾谷类加工副产品的贮藏

禾谷类原料经过加工后产生的一部分不适合人食的加工副产品，多作为配合饲料的原料，如米糠、麸皮等。其贮藏特性与其原料大不相同，贮藏措施也有所差异。现以配合饲料用量最大的米糠、麸皮为代表，将其贮藏特性及贮藏措施介绍如下：

(一)副产品的贮藏特性

1. 淀粉、蛋白质含量高，易吸湿返潮 加工(粉碎、筛分)后的副产品结构暴露，易吸湿返潮。如米糠中淀粉含量 37.5%～39%，蛋白质含量为 15%～17%，这些成分均有亲水性，具有较强的吸湿能力。此外，这些副产品结构疏松，孔隙度大，也增强了它们的吸湿性。据资料介绍，这些副产品的吸湿性普遍比相应的禾谷类原料强，比如在相同的温湿度条件下，麸皮的吸湿度为小麦的两倍，而且麸皮的平衡含水量也高于小麦，在饱和状态时，麸皮的平衡水分可达 38%～40%，而禾谷类粮食的一般仅为 20%，这是由淀粉、蛋白质暴露，吸湿性增强所致。

2. 带菌量大，易生霉变质 因原粮的粉碎加工过程，使营养物质外露，又因吸湿性强含水量较高，所以这些副产品极易孳生微生物，尤其适合真菌的繁殖。其结果不仅会使营养物质严重损失，原料变质，还会在某些产毒生物的侵害下，使饲料带毒性，进而危害人、畜的健康。

3. 脂肪含量较高，易氧化酸败 副产品中脂肪含量较高，如米糠中脂肪含量一般为 17%～18%，有的高达 22%。米糠脂肪中含有相当数量的解酸酶，使其游离脂肪酸大量增加，脂肪被分解后，酸价增高，米糠质量变差。据资料介绍，刚出机的米糠温度为 30℃，酸价在 10 以下，经过 10 天后，酸价上升至 25 以上。夏季酸价上升更快，出机几天，即可升到 80，同时随着酸价上升，米糠还会发红结块。

4. 营养外露，易生虫害　粮食加工副产品质地松散，营养物质外露，在温湿度适宜的条件下，很易孳生各种贮粮害虫，特别易受到甲虫、蛾类幼虫、螨类等害虫的蛀食，导致数量和质量下降。

(二)禾谷类加工副产品的贮藏措施

由上述副产品的贮藏特性可知，禾谷类加工副产品的贮藏比较困难。现以米糠和麸皮为例，介绍其贮藏措施。

1. 米糠　米糠不宜长期贮藏，贮藏时间最好不超过 10 天。高温季节的米糠，应随出机随供应。如因特殊情况，必须贮存米糠，则应预先破坏脂肪酶活性，控制其酸度增加。如将新出机的米糠在 2～4 小时内进行烘炒加热 10～15 分钟，使温度达到 95℃以上，水分降至 4%～6%，可作长期贮藏。米糠入仓时堆放要疏松，高度不超过 1.5 米，用输送机自动输送入仓的堆放高度不可超过 2 米。堆放时不能用脚踩踏米糠面，因踩实后堆垛内的积热不易散发，会加速脂肪分解变质。米糠入仓后，要勤检查、勤翻倒，并注意检查米糠堆的温度、色泽和气味。如有发热或结块现象，应及时翻堆，摊晾、通风，并及早安排供应使用。

2. 麸皮　一般新出机的麸皮水分不高(13%左右)，但温度均较高，即使在低温季节，也能达到 30℃左右，因此首先应将温度降至 10℃～15℃，再采用散装贮藏。在冬季可以采用勤翻囤顶的办法，防止结露、生霉。春暖之前，立即严格密闭压盖，防止外界湿热侵入。在贮藏期间也要勤翻勤查，如发现发热变质和霉变结块，须迅速处理。高温季节要加强散热散湿，堆高以不超过 5 包为宜。

第二节　动物性饲料原料的贮藏

随着我国饲料工业的发展，动物性饲料需求量日益增大。动物性饲料原料主要是鱼粉，其次是肉骨粉。特别是鱼粉，占的数量大、品质好。我国 2005 年进口鱼粉 158 万吨，加上国产鱼粉约 45 万吨，全年供应量 200 余万吨，饲用耗量达 180 万吨以上，肉骨粉产量约 49 吨。由生产厂家生产出厂到饲喂畜禽之前，鱼粉（特别是进口鱼粉）要在港口、中转仓库和饲料加工厂库房贮藏 1～1.5 年。鱼粉不仅价格昂贵，而且不好贮藏，容易变质，肉骨粉也是如此。贮藏不好的鱼粉、肉骨粉等动物性饲料原料，不仅其营养物质的含量会减少，而且会产生有毒有害的物质而只能废弃，造成经济损失。发霉变质的鱼粉、肉骨粉等动物性饲料，不仅影响它们的品质，而且会造成畜禽中毒以及影响人们的身体健康。因此，鱼粉、肉骨粉贮藏的好坏是一件极其重要的事。要使动物性饲料原料能获得安全贮藏，首先要使生产的动物性饲料原料符合国家标准。鱼粉要符合 GB/T 19164－2003 中的感官要求（表 5-3）和理化指标要求（表 5-4）。安全指标主要是砷、铅、汞、镉、亚硝酸盐、六六六、滴滴涕等的含量，要符合 GB 13078 的规定。

表 5-3　鱼粉的感官要求

项　目	特级品	一级品	二级品	三级品
色　泽	红鱼粉黄棕色、黄褐色等鱼粉颜色，白鱼粉呈黄白色			
组　织	膨松、纤维状组织明显，无结块、无霉变	较膨松、纤维状组织较明显，无结块、无霉变		松软粉状物、无结块、无霉变
气　味	有鱼香味、无焦灼味、无油脂酸败味		具有鱼粉正常气味、无异臭、无焦灼和明显油脂酸败味	

表 5-4　鱼粉的理化指标

<table>
<tr><th>项　目</th><th>特级品</th><th>一级品</th><th>二级品</th><th>三级品</th></tr>
<tr><td>粗蛋白质(%)</td><td>≥65</td><td>≥60</td><td>≥55</td><td>≥50</td></tr>
<tr><td>粗脂肪(%)</td><td>≤11(红鱼粉)
≤9(白鱼粉)</td><td>≤12(红鱼粉)
≤10(白鱼粉)</td><td>≤13</td><td>≤14</td></tr>
<tr><td>水　分(%)</td><td>≤10</td><td>≤10</td><td>≤10</td><td>≤10</td></tr>
<tr><td>盐分(以氯化钠计)(%)</td><td>≤2</td><td>≤3</td><td>≤3</td><td>≤4</td></tr>
<tr><td>灰　分(%)</td><td>≤16(红鱼粉)
≤18(白鱼粉)</td><td>≤18(红鱼粉)
≤20(白鱼粉)</td><td>≤20</td><td>≤23</td></tr>
<tr><td>沙　分(%)</td><td>≤1.5</td><td>≤2</td><td>≤3</td><td>≤3</td></tr>
<tr><td>赖氨酸(%)</td><td>≥4.6(红鱼粉)
≥3.6(白鱼粉)</td><td>≥4.4(红鱼粉)
≥3.4(白鱼粉)</td><td>≥4.2</td><td>≥3.8</td></tr>
<tr><td>蛋氨酸(%)</td><td>≥1.7(红鱼粉)
≥1.5(白鱼粉)</td><td>≥1.5(红鱼粉)
≥1.3(白鱼粉)</td><td colspan="2">≥1.3</td></tr>
<tr><td>胃蛋白酶消化率(%)</td><td>≥90(红鱼粉)
≥88(白鱼粉)</td><td>≥88(红鱼粉)
≥86(白鱼粉)</td><td colspan="2">≥85</td></tr>
<tr><td>挥发性盐基氮(VBN)(毫克/100 克)</td><td>≤110</td><td>≤130</td><td colspan="2">≤150</td></tr>
<tr><td>油脂酸价(氢氧化钾)(毫克/克)</td><td>≤3</td><td>≤5</td><td colspan="2">≤7</td></tr>
<tr><td>尿　素(%)</td><td>≤0.3</td><td colspan="3">≤0.7</td></tr>
<tr><td rowspan="2">组　胺(毫克/千克)</td><td>≤300(红鱼粉)</td><td>≤500(红鱼粉)</td><td>≤1000(红鱼粉)</td><td>≤1500(红鱼粉)</td></tr>
<tr><td colspan="4">≤40(白鱼粉)</td></tr>
<tr><td>铬(以 6 价铬计)(毫克/千克)</td><td colspan="4">≤8</td></tr>
<tr><td>粉碎粒度(%)</td><td colspan="4">≥96(通过筛孔为 2.80 毫米的标准筛)</td></tr>
<tr><td>杂　质(%)</td><td colspan="4">不含非鱼粉原料的含氮物质(植物油饼粕、皮革粉、羽毛粉、尿素、血粉、肉骨粉等)</td></tr>
</table>

饲用肉骨粉是以新鲜无变质的动物废弃组织及骨骼经高温高压、蒸煮、灭菌、脱脂、干燥、粉碎后的产品，为黄色至黄褐色油性粉状物，具有肉骨粉固有气味，无腐败气味。除不可避免的有少量混杂外，本品不应添加毛发、蹄、角、羽毛、血、皮革、胃肠内容物及非蛋白含氮物质。不得使用发生疫病的动物废弃组织和骨来加工饲用肉骨粉，在加入抗氧化剂时应标明其名称。应符合国家有关检疫规定和 GB 13078 的规定，沙门氏菌不得检出。铬含量≤5 毫克/千克，总磷含量≥3.5％，粗脂肪含量≤12％，粗纤维含量≤3％，水分含量≤10％，钙的含量应为总磷含量的 180％～220％。饲用肉骨粉等级指标见表 5-5。

表 5-5　饲料用肉骨粉等级质量指标

等　级	粗蛋白质(％)	赖氨酸(％)	胃蛋白酶消化率(％)	酸价(氢氧化钾)(毫克/克)	挥发性盐基氮(毫克/100 克)	粗灰分(％)
1	≥50	≥2.4	≥88	≤5	≤130	≤33
2	≥45	≥2.0	≥86	≤7	≤150	≤38
3	≥40	≥1.6	≥84	≤9	≤170	≤43

一、影响鱼粉、肉骨粉等动物饲料原料贮藏的因素

(一)水分含量对其贮藏性的影响

水分含量对鱼粉、肉骨粉贮藏性影响极大，当水分含量达到微生物生长发育所需的水平时，就会孳生微生物。例如，当鱼粉、肉骨粉水分含量为 12％时，耐干性真菌就会孳生；而当其水分含量为 10％时，耐干性真菌就难于生长。我国原 SC 118－83 鱼粉标准规定：1、2、3 等级鱼粉相应水分含量分别不超过 10％、11％、12％，其中 2、3 等级鱼粉水分含量要求标准过低。新修订的鱼粉、肉骨粉质量标准(表 5-3、表 5-4 和表 5-5)要求鱼粉、肉骨粉的水分含量都在 10％以下。

(二)温度对贮藏性的影响

鱼粉、肉骨粉等动物性饲料原料的贮藏性与贮藏温度有关。随着温度升高,动物性饲料的氧化速度加快,产生的热量增多,使鱼粉、肉骨粉中的温度升高,进而又促使其氧化速度加快,这种恶性循环,严重影响饲料的适口性,降低其质量,还会产生有害有毒物质。据试验,当鱼粉的水分含量超过 13%,在 20℃条件下,35 天就会出现霉点,60 天后发生中度霉变;在 30℃~40℃条件下,45 天后严重霉变;在 50℃条件下,鱼粉 25 天就有油烧味,60 天后出现中度油烧味。鱼粉在高于 50℃条件下贮藏,引起鱼粉变质的主要原因是油烧,因在高温下脂肪最易氧化。

(三)包装和贮藏场地对贮藏性的影响

鱼粉、肉骨粉发霉除与自身因素有关外,也与包装材料和存放场地条件有关。不合适的包装材料孳生真菌会蔓延到饲料内部。塑料袋(双层)具有阻隔湿气和氧气影响的性能,且有防霉作用。因此,水分含量合格的鱼粉、肉骨粉宜用塑料袋包装。此外,要求贮藏场地(仓库)的密封性和通风性好,干燥不潮湿,清洁卫生,并消除各种害虫。

二、鱼粉新鲜度及掺假鱼粉的鉴定方法

鱼粉是配合饲料的重要原料,价格较贵。因此,一些不法商人和唯利是图者,总在鱼粉掺假上作文章,采购时必须提高对真假的识别能力。

(一)鱼粉的新鲜度及其鉴别

鱼粉的新鲜度是影响鱼粉养殖效果和安全性的重要指标。鱼粉新鲜度不好主要是指原料鱼或鱼粉在贮存、运输等过程中,由于微生物污染、脂肪酸变质、鱼粉自燃等因素,导致蛋白质分解、腐败、脂肪酸酸败、蛋白质“焦化”等变质反应。因此,鱼粉新鲜度鉴定的重点是对蛋白质、脂肪酸等变质的鉴定。有定性和定量 2 种

鉴定方法。

1. 定性鉴定　其最有效的方法是感官鉴定(见表 5-3),通过看、闻、品尝等方法进行定性判别。感官鉴定的主要内容包括:

(1)鱼粉的颜色和基本形态　不同鱼粉样品具有不同的色泽和外观形态,正常鱼粉的色泽较为均一,不会出现较多的黑色、褐色杂点,鱼肉、鱼骨、鱼鳞等基本可以分辨;掺有处理过羽毛粉的鱼粉外观呈现出肉松状,掺得越多,肉松状外观越明显。

(2)是否有异味　正常鱼粉、新鲜鱼粉有一股浓烈的咸腥味;变质鱼粉有腥臭味、氨味;油脂氧化后鱼粉有酸败味、哈喇味;焦化鱼粉有焦臭味。

2. 定量鉴定　采用挥发性盐基氮(VBN)和组胺作为评定鱼粉蛋白质新鲜度的主要指标(如表 5-4 中列出了鱼粉标准规定值)。新鲜的原料制成的鱼粉,其挥发性盐基氮和组胺值都低,蛋白质含量高且质量好;而新鲜度差的原料制成的鱼粉,其挥发性盐基氮和组胺值高,蛋白质含量低且质量差。对挥发性盐基氮和组胺测定结果的评定可以结合鱼粉标准进行。

酸价是评价鱼粉脂肪新鲜度的重要指标。鱼粉的新鲜度与其所含脂肪的氧化程度有关,鱼粉的高水分、高脂肪含量及不良贮藏条件等因素都将加快油脂的氧化酸败,导致产生不良气味,酸价升高,影响鱼粉的质量。酸价测定结果也可以结合鱼粉标准进行评定。

(二)鱼粉掺假技术变化及其鉴定

随着饲料生产企业对鱼粉掺假认别能力的提高,制假者也在提高掺假技术,使掺假物质更具备隐蔽性。主要表现在以下几方面:

①掺假鱼粉外观越来越好,色泽、气味更接近于真实鱼粉,使感官判断鱼粉质量的难度增大。

②掺假鱼粉的粗蛋白质和纯蛋白含量越来越理想化,通过单

测粗蛋白、真蛋白,或单计算氨基酸总量的方法难以鉴定,必须用消化率、氨基酸平衡模式等进行有效鉴定。

③通过对掺假物着色、剖离表层、水解、发酵、膨化及超细化粉碎等工艺处理,尽可能地改变其原来特征,提高了检出难度。

④利用技术手段不断研制出如“蛋白精”等新型非蛋白氮物质掺入鱼粉中以提高鱼粉蛋白质含量,这在低价、高蛋白鱼粉中是常用的掺假方法。在大多数掺假物中,处理过的羽毛粉、皮革粉等蛋白质含量非常高,能够提高掺杂鱼粉的蛋白质含量,而且对其采用不同的处理方法(粉碎、水解等),其形态变异非常大,掺入鱼粉中不易被检出。

针对上述掺假技术的变化,对鱼粉的鉴定也要有相应的对策:

①必须测定水分、粗蛋白质、水溶总氮和挥发性盐基氮(VBN)、总灰分、酸价、离体消化率,并用显微镜分析。这些指标的测定基本可以对鱼粉的品质、新鲜度和是否掺假做出有效的判断。

②选测指标为氨基酸分析。氨基酸分析是最有效的方法。但是,由于仪器设备购置和维护费用高,使用成本也较高,可以作为选择测定指标,在必测指标难以满足要求时,存在质量争议,需要法定机构仲裁时再进行测定。

3. 鱼粉的显微镜分析 它是可以直观地对鱼粉进行观察的技术方法,而一般检验人员没有经验,在此情况下,可以选用标准鱼粉样品进行对比观察、分析。观察内容包括:

①是否有异物。鱼粉中应该有的物质包括鱼肉、鱼骨、鱼刺、内脏、鱼鳞等,鱼肉的表面形态特征较为明显(可与肉粉进行比较),并带有一定颜色;鱼骨、鱼刺在显微镜下为白色,透明或半透明;鱼鳞表面有纹路,在显微镜下容易区别;内脏在显微镜下为深色颗粒。若有上述成分之外的物体,即有可能掺假。

②观察不同物体的比例,质量好的鱼粉,鱼肉所占的比例很

高，是鱼粉中的主要组成物质，而鱼骨、鱼刺、鱼鳞所占比例相对较小。如果在显微镜下发现鱼骨、鱼刺状物体成分超过鱼肉的比例，则可能掺假。

三、科学贮藏动物性饲料原料

根据上述影响动物性饲料贮藏性的因素，提出以下科学贮藏方法和预防措施。

（一）防止动物性饲料氧化

动物性饲料在贮藏过程中会自动氧化，氧化原因与动物性饲料含有大量不饱和脂肪酸有关，特别是鱼粉是一种易引起氧化而自燃的饲料。为此，必须采取下列措施：

1. 严格控制鱼粉的脂肪含量　在采购鱼粉时或在其进厂前，要检测和控制其脂肪含量和盐分含量：特级、1、2、3 级鱼粉的脂肪含量分别不超过 9%、10%、13%、14%，其中特级和 1 级红鱼粉分别不超过 11%和 12%；盐分含量除 3 级品外，1、2 级品不超过 3%，特级品不超过 2%。要购买湿法生产的脱脂鱼粉，不要采购没有脱脂（干法生产的）或经过长期贮存的陈旧鱼粉。

2. 消除贮藏前鱼粉中的热量　鱼粉贮藏前，将其放在地板上或水泥地面上摊开或装入麻袋平放（不堆放）几周后，使鱼粉的热量散失，避免鱼粉自燃氧化。

3. 在鱼粉中添加抗氧化剂，防止鱼粉自燃　一般常用的抗氧化剂有乙氧基喹（即山道喹）和丁基化羟甲苯（BHT）。添加数量根据鱼粉中脂肪含量而定。一般在鱼粉干燥之后打包前，每吨鱼粉添加乙氧基喹 300～500 克。

4. 密闭包装　用不透空气的叠层聚乙烯袋包装鱼粉，进行隔绝空气贮藏。在包装袋上的标志及所附的标签上标注“本产品不得用于饲喂反刍动物”字样。

(二)低温贮藏

鱼粉、肉骨粉在贮藏过程中的氧化速度与贮藏的温度有关，一般在常温下氧化速度较缓慢，当温度升高时，鱼粉、肉骨粉的氧化速度会加快，所以鱼粉、肉骨粉要低温贮藏。具体措施是：将鱼粉、肉骨粉贮藏在干燥的通风良好的库房中，堆垛时不能高，垛与垛之间要留出空隙以利于通风，并要经常检查、倒垛，防止鱼粉、肉骨粉温度升高；必要时采取双低（低氧、低药剂量）、三低（低氧、低药剂量、低温）密封贮藏或空调等措施。

(三)鱼粉、肉骨粉干燥贮藏

鱼粉、肉骨粉入库前，若其水分含量超标（超过 10%），应进行晾晒或烘干，将其水分含量降到标准以下再入库。要求鱼粉、肉骨粉堆放的地方温度要低、通风干燥，特别要防潮，这样才能有效控制各种微生物在鱼粉、肉骨粉中生长繁殖。只有贮存在阴凉、干燥，防潮、防霉变、防虫蛀等符合规定的条件下，才能保证贮藏安全。

(四)鱼粉、肉骨粉通风贮藏

贮藏鱼粉、肉骨粉的场地除要求干燥、清洁、卫生和遮光外，还必须通风良好，凡是通风不良的库房都潮湿、容易生虫（特别易生鲤节虫）。如发现生虫应立即密封，使用硫黄、甲醛与高锰酸钾合剂混合熏蒸。此外，贮藏鱼粉、肉骨粉时，不能与其他物品混贮，绝不允许与农药等在一起贮藏，以免被污染。

实践表明，充分利用螨类在活动期易于被消灭的特点，采用间歇密封磷化氢熏蒸来防治具有操作简便，熏蒸杀螨时间较短（两次投药熏蒸 20 天，开窗通风 3 天即可），不耽误饲料加工生产等优点。

鱼粉、肉骨粉在不同贮藏条件下的安全贮藏期分别见表 5-6 和表 5-7。

表 5-6　鱼粉在不同贮藏条件下的安全贮藏期　（单位：天）

处理情况	含水量（%）	氧气浓度 21%				氧气浓度 1%		氧气浓度 3%	
		温　度							
		—5	0	10	20	10	20	10	20
脱　脂	8	40	30	20	10	250	200	230	180
	10	30	25	20	不宜	250	200	230	180
	12	20	10	15	贮藏	230	—	180	—
未脱脂	8	30	25	不宜贮藏		230	200	200	180
	10	25	15			220	200	200	180
	12	15	10			180	—	—	—
未脱脂加0.04%山道喹	8	40	30	25	20				
	10	35	25	20	15				
		30	20	15	10				

表 5-7　肉骨粉在不同贮藏条件下的安全贮藏期　（单位：天）

含水量（%）	氧气浓度 21% 添加 0.04%山道喹					氧气浓度 21%			氧气浓度 1%			氧气浓度 3%		
	温　度													
	—5	0	5	10	20	5	10	20	5	10	20	5	10	20
7	—	—	—	—	—	60	45	35	240	200	180	240	200	180
10	150	120	90	60	30	45	30	15	180	160	150	180	150	120
12	90	70	30	20	—	不宜贮藏			—	—	—	—	—	—
14	—	—	—	—	—	—	—	—	120	120	90	100	80	60

第三节 矿物性饲料原料的贮藏

一、概 述

动物的生长发育，离不开矿物质。矿物质在动物体内占4%左右，虽然占的比例很少，但若动物体内某种必需矿物质不足或缺乏，就会发生异常症状：食欲不振，生产力下降，发育停滞，甚至死亡。如果食入过量，也可能发生中毒。根据动物体内这些物质含量的多少，一般将矿物质分两大类：占体重0.01%以上者称为常量元素；而含量在0.01%以下者称为微量元素。各种矿物质元素及其在动物体内的大致含量见表5-8。

表5-8 各种矿物质元素及其在动物体内的大致含量

常量元素	含量(%)	微量元素	含量(毫克/千克)
钙(Ca)	1.5	铁(Fe)	20～80
磷(P)	1.0	锌(Zn)	10～15
钾 K	0.2	铜(Cu)	1～5
钠(Na)	0.16	锰(Mn)	0.2～0.5
氯(Cl)	0.11	碘(I)	0.3～0.6
硫(S)	0.15	钴(Co)	0.01～0.02
镁(Mg)	0.04	钼(Mo)	1～4
		硒(Se)	1.7
		铬(Cr)	0.08

矿物质补充物(矿物添加剂)可满足动物对矿物质元素的需求，用来弥补基础饲料所短缺的矿物质成分，是畜禽正常生理活动和生长发育所必需的。因此，补充矿物质添加剂是充分发挥畜禽生产潜力的一项有效措施，尤其是对不接触土壤的现代化饲养的以及在有些地区缺少某些矿物质的情况下饲养的畜禽，按饲养标

准在饲料中添加常量和微量矿物质添加剂更是必不可少，这对促进养殖业生产有着重要意义。

二、矿物质原料特性与贮藏措施

(一)饲料用矿物添加剂用量少、粒度小、与空气接触面积大，不易贮藏

饲用矿物原料用量少，特别是微量元素。例如，某些微量元素在日粮中，对畜禽(猪、肉牛、奶牛、鸡)的中毒水平仅为5～10毫克/千克，其需要量还要低，这样少的剂量，要求粉碎粒度很小，使单位饲料中含有应有的矿物质颗粒数。例如，每吨饲料中需要添加微量元素10克，则最大粒径为100微米(1微米＝0.001毫米)，要通过140目筛，总粒子数1 000万以上(1.27×10^7)。否则，混合不均匀，畜禽食入这种饲料添加剂就会过量或不足，造成不良的饲养后果。因此，微量元素一般要通过100目筛；常量元素一般也得通过35目筛。这样微小的颗粒与空气接触面积相当大，易引起化学反应和吸潮。因此，要求封闭贮藏，防潮避光。

(二)干燥防潮

矿物质微量元素作为饲料添加剂时，一般要经过烘干、粉碎等处理，烘干的目的之一是控制水分，即烘去游离水、控制结晶水的含量。有些微量元素很易吸湿返潮而引起结块，不但影响物料的流动性和混合均匀性，而且由于预混合料中水分的增加还会影响到维生素的稳定性，因此必须有防潮措施。办法是：贮藏时，在烘干后的微量元素产品或其预混合料中添加少量(1%～3%)矿物油、石蜡或海藻多糖，充分混合搅拌后，使矿物质颗粒表面形成一层防水防潮的包被，达到防水防潮耐贮藏的目的。

(三)有的微量元素是易燃、剧毒危险品，要配专人保管

例如：镁为二级易燃固体；硫酸铜、氯化铜、无水磷酸铜都是有毒物质；特别是亚硒酸钠、无水亚硒酸钠和无水硒酸钠，都是无机

剧毒品。对这些易燃品、有毒物质，特别是剧毒物质，要封闭包装（瓶、塑料袋），置于专用房间，贴上标签，妥善保存，并由责任心强的专人保管。

总之，鉴于矿物质添加剂的特性，在贮藏时要做到：防潮、避光、密封保存、标签识别、专人负责。

第四节　液体饲料原料的贮藏与收发

利用液体原料（如糖蜜、油脂以及液体氯化胆碱等）已成为提高饲料质量的一项有效措施，液体原料的贮藏和收发已成为饲料从业人员的必备业务知识。

一、饲料的液体原料的物理性质

（一）糖蜜的物理性质

糖蜜是糖厂的副产品，是褐色黏稠液体。主要有甘蔗糖蜜和甜菜糖蜜。一般含糖分 50%～60%、含水量 18%～25%，不同地区生产的糖蜜黏度不同。黏度随含水率和温度的变化而变化，当含水量增加、温度升高，则黏度降低。糖蜜对温度较敏感，一般加热温度到 48℃时，即发生局部糖分焦化，焦化后糖蜜易结块、沉淀，造成管路堵塞。甜菜糖蜜、甘蔗糖蜜在不同温度、浓度下的黏度见表 5-9。

表 5-9　甜菜糖蜜、甘蔗糖蜜在不同温度、浓度下黏度的变化

浓度(Brix)	糖蜜种类	黏度(帕·秒)			
		40℃	50℃	60℃	70℃
74	A	200	120	70	40
	B	360	200	120	75

续表 5-9

浓度(Brix)	糖蜜种类	黏度(帕·秒)			
		40℃	50℃	60℃	70℃
75	A	300	160	80	50
	B	460	250	145	90
76	A	400	200	110	65
	B	610	325	180	130
77	A	500	260	140	80
	B	850	450	245	150
78	A	700	330	180	105
	B	1250	600	330	200
79	A	1000	470	250	140
	B	1800	850	450	265
80	A	1700	700	350	185
	B	2550	1260	600	350
81	A	2400	1000	470	250
	B	3700	1700	850	480

注：1. A 为甜菜糖蜜，B 为甘蔗糖蜜

2. Brix 是溶液浓度单位“白利度”，1Brix 表示溶液中含有 1%的可溶性固形物

(二)油脂的物理性质

能量要求高的动物饲料，常常需要加入油脂。常温下液态为油(一般为植物油)，固体为脂(一般为动物油)。常温下油脂的密度约为 0.91～0.95 吨/米^3。随着温度升高油脂的密度下降。饲用油脂的黏度亦随着油脂的种类不同而异，随着温度升高而降低，随温度降低而升高。油脂在不同温度下的密度和黏度见表 5-10。油脂的熔点为 29℃～48℃，闪点为148℃～260℃。常温下，常用油脂的相对密度和凝固点见表 5-11。

表 5-10 饲用脂肪在不同温度下的密度和黏度

温 度 (℃)	相对密度	黏 度 (帕·秒)	温 度 (℃)	相对密度	黏 度 (帕·秒)
38	0.899	35	70	0.880	13
48	0.893	24	82	0.872	9
60	0.866	17	93	0.866	8

表 5-11 常用油脂相对密度及凝固点

油脂名称	相对密度	凝固点(℃)
玉米胚油	0.922～0.926	−10～−18
米糠油	0.918～0.928	−21
豆 油	0.924～0.928	−7～−12
花生油	0.917～0.921	0～3
菜籽油	0.913～0.918	−10～−12
棉籽油	0.923～0.925	−5～+5
向日葵油	0.922～0.926	−16
牛 脂	(99°/15℃)0.860～0.870	熔点 40～48
马 脂	0.916～0.922	36～43
羊 脂	0.857～0.860	40～51
猪 脂	(99°15℃)0.858～0.864	33～46
鱿鱼脂	0.925～0.936	−4

二、液体原料的贮藏和收发

(一)糖蜜的贮罐和贮运

糖蜜的贮罐有钢制、混凝土制和木制的，而以放置于地面或地下的整体混凝土贮罐或钢贮罐较为普遍。糖蜜的酸碱度 pH 值为 5.5，对钢的腐蚀性很小，但若水分集聚于钢罐内壁时也会引起腐蚀。在罐顶端要安置大口径的通气管(ϕ75 毫米设两个)，通气管反向弯曲180℃。在冬季为了防止糖蜜冻结,除设置保温层外,在贮罐内应安置加热装置(加热蛇管),可用蒸汽、热水或电热三种方法。加热过程中定期搅拌,一方面防止局部受热过度焦化,另一方面可节约能源(可节约一半左右)。加热温度在38℃～45℃,不要超过48℃。使用蒸汽加热时应用低压蒸汽,如果使用高压蒸汽,在管路上应设置减压阀,将压力减到表压1个大气压以下。贮罐的底部应设置凹槽,吸出泵的吸管就置于凹槽的上面,以便吸出糖蜜。糖蜜注入管也应伸到接近罐底,避免加入糖蜜时产生气泡。

糖蜜的贮藏和收发流程如图5-1所示。

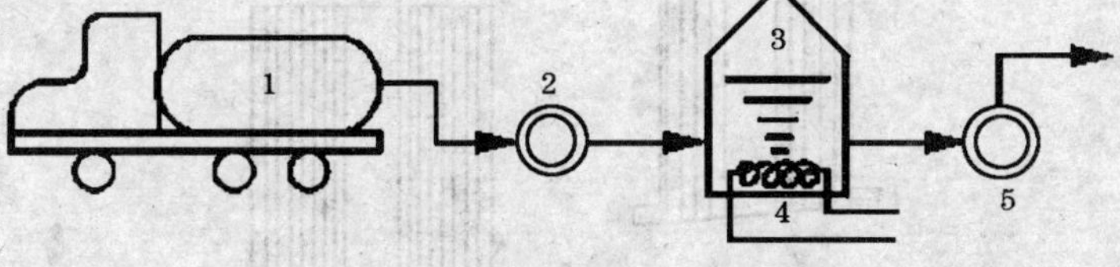

图5-1　糖蜜贮藏和收发流程

1. 罐车　2. 接收泵　3. 糖蜜贮罐　4. 加热蛇管　5. 输出泵

输送糖蜜的泵以螺旋泵和齿轮泵效果较好,不宜用离心泵。泵的安装位置应尽可能接近贮罐的出口并在其下方。

糖蜜的黏度较高,为减少输送过程中的摩擦阻力,吸管直径一般比泵的吸口大,应以不小于75毫米为宜。输送管路上应设置安全阀和计量装置。采用蒸汽加热时,其管路不应装在糖蜜管道附近,以防糖蜜焦化而阻塞管道。向饲料加工车间输送糖蜜时,先对糖蜜加热,再用工作泵送到车间,进行添加。在停止送料后,应用热水或蒸汽逆向清洗。

(二)油脂的贮罐和贮运

油脂的贮罐(桶)有斜底和锥底两种,如图5-2所示。斜底和锥底主要是为了集中沉积下来的杂质和水分，使之从最低处的排污口排出罐外，而油脂则由略高于底面的管子吸取，以分除水污。斜底罐的油脂排出口应高于底面至少 15 厘米，可能时最好 30 厘米；锥底罐的油脂排出口则应设在高于圆锥部分。贮罐中可设加热蛇管，蛇管以距底部 15 厘米为宜，油脂排出口距底最好是 25 厘米，排污口则在最低点。

油脂中夹带的水分从 0.5%增至 3%，油脂的质量将会降低，对罐壁的腐蚀力将增强。贮罐一般用普通碳素钢制成，壁厚 3 厘米左右。

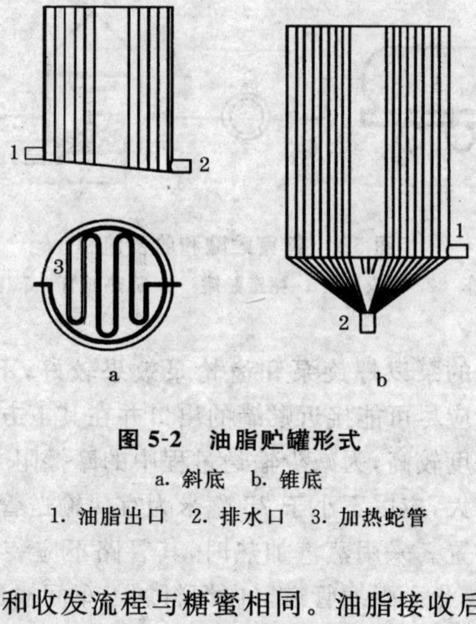

图 5-2　油脂贮罐形式

a. 斜底　b. 锥底

1. 油脂出口　2. 排水口　3. 加热蛇管

油脂贮藏和收发流程与糖蜜相同。油脂接收后，使用前加热至 75℃～80℃，用泵循环，可使加热时间缩短一半。罐内装有搅拌器，可将液体油脂搅拌均匀，提高热效率。搅拌器的桨叶用碳钢制作，搅拌器参数见表 5-12。每 2 小时搅拌 15 分钟，工作时必须勤检查。每 3 个月至少清洗油脂贮罐 1 次，以免沉淀物积累过多。

一般不采用压缩空气搅拌，以免空气加速油脂氧化。

表 5-12　油脂贮罐中使用搅拌器的参数

贮　罐			搅拌器		
贮罐直径×高(米)	罐容积(米^3)	贮料质量(吨)	转　速(转/分)	动　力(千瓦)	桨叶直径×节距(米)
2.4×3.0	15	13.6	420	0.74	0.33×0.33
3.0×4.2	30	27.2	420	1.48	0.38×0.38
3.6×4.2	45	40.8	420	2.22	0.41×0.41
3.6×5.5	60	54.4	420	3.50	0.46×0.46

对于黏性不大的液体，在近距离输送时，采用离心泵或齿轮泵皆可。长距离输送黏性液体则宜采用齿轮泵，齿轮泵流量稳定，压头高。

油脂输送管道及管道上的连接件用普通碳钢即可。在油脂输送系统中不应用铜或含铜金属构件，因为铜离子会成为油脂氧化的催化剂，使油脂不稳定。在用法兰连接的连接处两头应使用同一种金属材料，以免产生电解作用。

油脂的排出阀一般采用闸阀或旋塞阀。采用蒸汽加温油脂时应使用温度控制器。

采用流量计计量油脂用量。常采用正位流量计和转子流量计。流量计的管子、轴、转动部件皆用不锈钢制造。在流量计之前要安装过滤网来清除杂质，并定期清洗流量计。

三、液体饲料的贮藏

为使糖蜜、油脂的安全贮藏，主要是通过改善贮藏条件，以控制外界不良因素对液体饲料的影响。即所谓常规贮藏。这是普遍采用的贮藏糖蜜、油脂的方法。这种方法是人为地控制日光、空气、水、杂质及温湿度对液体饲料的影响,建立并坚持执行行之有效的管理制度,加强液体饲料质量的检查和及时处理,防止液体饲料的氧化酸败发生,以确保贮藏安全。

一般常规的贮藏方法包括密闭贮存与低温贮存。在密闭贮藏中,要做到在入库时,将糖蜜、油脂中的水、杂质、酸价严格控制在国家标准以内。贮藏以密闭为主,装入糖蜜、油脂时尽量装满,桶、罐内尽可能减少空隙,并要避免不必要的开桶开罐,使糖蜜、油脂与空气减少接触,以延缓氧化酸败。

温度对糖蜜、油脂的氧化速率有重要影响。温度升高会明显促使糖蜜、油脂氧化。例如,温度每升高 10℃,油脂氧化速度就提高 1 倍。因此,在较低温度环境下贮藏液体饲料是有效抑制氧化酸败的有效措施。可根据各地的自然气候条件,利用秋冬季节,将液体饲料温度控制在 15℃以下,进行低温贮藏;在进入高温季节时应尽量采取有效隔热保冷措施,尽可能有效地长期安全贮藏液体饲料。具有低温粮库条件的,可以加以利用。

由于糖蜜、油脂需以液态加入粉料或颗粒饲料中,如前所述要对糖蜜、油脂进行加热,但糖蜜加热温度不可超过焦化温度(48℃),油脂加热也不能超过 75℃～80℃。

其他的贮藏方法如抗氧剂贮藏和气调贮藏,由于设备投资大、成本高,不宜用于液体饲料贮藏。

第五节　饲料成品的贮藏

卖给用户的饲料商品包括预混合饲料、浓缩饲料和配合饲料,前两种不能直接饲喂畜禽,需添加能量饲料后或蛋白质饲料,制成配合饲料后才能喂饲。现对三种饲料的贮藏分别介绍如下:

一、预混合饲料的贮藏

(一)影响预混合饲料贮藏稳定性的因素

1. 某些组分之间相互影响　一些微量元素，特别是以硫酸盐形式存在的一些微量元素，会加速氧化—还原过程，会相互破坏或破坏某些维生素。例如，碘化钾与硫酸盐不相容，因此碘化钾在混合前必须先进行稳定化处理。矿物质元素会加快维生素 C 的氧化，有些维生素彼此之间也是不相容的。例如，维生素 B_1、维生素 B_2、维生素 C 与叶酸是不相容的。维生素 C 作为强还原剂对于其他维生素的稳定性有不利的影响。烟酸和氯化胆碱相当稳定，但会引起一些维生素的损失。使用稳定化的维生素制品，如微粒胶囊制品，因相互影响造成的损失最少。

2. 水分含量对贮藏的影响　预混合饲料的许多组分对水分极为敏感，水分是影响预混合饲料物理化学过程和生物化学作用强度最重要的因素，所以水分对于预混合饲料的贮藏性能影响很大。预混合饲料的含水量通常规定不超过 10%。当含水量过高时，会使贮料品质变劣，主要表现在：

①组分间不相容性更为显著，氧化—还原作用强度增大，生物活性物质损失增加(见表 1-9)。

②微生物孳生而引起霉变，载体或稀释剂的化学成分产生不良生物化学变化，如蛋白质和脂肪水解，酸价提高。

③预混合饲料的物理性质变坏，散落性降低，贮料结块。

④脂肪水解和氧化，对于预混合饲料的贮藏品质有不利的影响，会破坏生物活性物质，增大贮料的总酸度。

3. 介质 pH 值的大小与适宜值相差太大影响贮藏稳定性　预混合饲料内生物活性物质的稳定性与 pH 值的大小有关。大多数组分在 pH 值为 5.5～7.5 时最为稳定，因此载体或稀释剂的 pH 值也以 5.5～7.5 为宜，否则将影响预混合饲料的稳定性。

(二)预混合饲料安全贮藏措施

①防潮、隔光和密闭。为此,预混合饲料可用四层纸袋包装(每袋一般20～25千克),按品种分组堆放在干燥、清洁、通风良好的仓底板上。

②为提高预混合饲料的贮藏稳定性,通常添加抗氧化剂,可按0.25%用量添加山道喹。

③防止交叉污染。含药预混合饲料要妥善放置,加工、贮藏过程散落在地上的预混合饲料,必须仔细收集处理,以防交叉污染。

④控制温湿度。存放预混合饲料的仓房,应将温度控制在28℃以下,相对湿度应控制在75%以下,保证贮藏安全。

⑤尽可能在短期用完。预混合饲料的贮藏期与其质量关系密切,一般安全贮藏期为3个月,但应尽量在1个月内用完为佳。

二、浓缩饲料的贮藏

(一)包装和堆放

浓缩饲料具有较高的吸湿性,采用包装形式贮藏为好。包装袋可用牛皮纸袋或编织袋。袋装的浓缩饲料在不同的温度下贮藏时,应采取不同的堆高,高于10℃时不应超过10袋堆高,低于10℃时不应超过14袋堆高。

(二)勤检查常测温

在浓缩饲料的贮藏过程中,应定期检查温度、含水量、气味及虫害感染度。在不同的气温条件下,应采用不同的查温周期:0℃以下时,每15天检查一次;0～20℃时,每7天至少检查一次;20℃以上时,每3天必须检查一次。对浓缩饲料的含水量的测定,每15天不得少于一次。在各地空气相对湿度高的季节,更应勤查贮料,因为在这种情况下,浓缩饲料的含水量最容易增大,品质最易变劣。

(三)在安全贮藏期内用完

浓缩饲料的安全贮藏期,一般要求:粉料成品为2个月,颗粒成品为 3 个月。要尽可能在安全贮藏期内饲喂完。

三、配合饲料成品的贮藏

配合饲料成品有粉料和颗粒料两种形式，它们可以散装贮藏也可以包装贮藏。有的大型养殖场，有配套筒仓和专用散装饲料运输车的，一般采用散装，可以节约包装成本和降低运输费用。如果不具备这些条件，一般采用袋装，每袋 40 千克。

（一）堆装高度

配合饲料的安全贮藏期与堆装条件有关。散装仓房贮藏配合饲料粉料成品时，其含水量若低于 13%，堆高应当不大于 4 米；含水量若大于 13%，堆高不应大于 2.5 米。包装贮藏时，若气温大于 10℃，不应超过 12 包堆高；若温度小于 10℃，不应超过 14 包堆高。

（二）添加油脂量对贮藏期的影响

添加油脂的配合饲料粉状成品，应缩短贮藏期，添加油脂量小于 3% 的配合饲料，其贮藏期不应超过 10 天，添加油脂量为 3%～6% 的配合粉料，其贮藏期不应超过 4 天。

（三）不同料型、不同贮仓，其贮藏稳定性有差异

颗粒配合饲料成品比粉状配合饲料贮藏稳定性好。为了便于发放，散装配合饲料可存放在钢板仓内；为了安全贮藏期更长，则以存在钢筋混凝土仓内（隔热性好）为佳。虽然配合饲料颗粒料成品具有较好的贮藏稳定性，其安全贮藏期一般以不超过 1～2 个月为宜。

配合饲料品种很多，它们的贮藏性能各异，通常采用的安全贮藏期可参见第一章表 1-10。

第六章　秸秆利用与处理概述

第一节　我国秸秆利用现状与秸秆处理的意义

一、作物秸秆利用现状

作物秸秆的利用方式各种各样，但基本可分为饲料利用和非饲料利用两种。秸秆的非饲料化利用方法和途径有生活燃料、造纸原料、房屋建材、编织物品原料、畜禽栏舍垫草、沼气原料、蘑菇生产基料等。在有些地区，大量农作物秸秆没有得到很好的利用，就在田（地）间焚烧了，这种处理方式，不但浪费资源，而且会造成严重环境污染，是不可取的。正确而有效地利用秸秆的方式应该是用它去饲喂草食动物，再将其粪便还田，即常说的“过腹还田”方式。

我国自 20 世纪 80 年代以来，在研究推广秸秆氨化、青贮及微贮等方面有突出的成就。到 1995 年，全国经处理秸秆占其总量的 8.2%，直接饲用约 1 亿吨，饲用秸秆占总量的比例提高到 25%左右。利用秸秆养畜，节粮 2 000 万吨。秸秆的利用促进了牛羊肉产量的大幅度增长，1992～1995 年期间，我国肉牛产量平均年递增 27.7%，肉牛产量的世界排名从第十二位跃升到第二位。

二、作物秸秆在家畜生产中的作用

虽然我国约有草原面积 4 亿公顷，但由于多年的掠夺性使用，草原严重退化、沙化、盐碱化，加上鼠害和缺水，对蓄养现有的牲畜已不堪负担。事实证明，我国农区依靠作物秸秆发展草食动物，具有巨大的潜力。我国年产约 6 亿吨作物秸秆（是北方草原年打草量的 50 倍以上），是农区发展草食家畜的主要饲料资源，再添加一定比例的农副产品（饼粕、糠麸等），可以饲养我国 2/3 的牛羊，生产出我国 3/4 的牛羊肉。据调查，我国农区 667 米^2 耕地的秸秆可负担 2 个羊单位。这样，全国 1 亿公顷耕地可负担 5 亿头牛和 5 亿只羊。但是，目前作物秸秆的饲料化利用率还很低，经青贮、氨化处理的饲料占总秸秆量还不到 10%，开发利用的潜力极大。

利用作物秸秆饲养家畜，再用畜粪肥田，首先可直接节约大量饲料粮，发展草食家畜还可少养一定数量耗粮型的猪和鸡，也会节约大批粮食；其次秸秆过腹还田，减少化肥用量，可改善土壤结构和提高土壤肥力；第三，利用作物秸秆养畜，避免把作物秸秆在田间烧掉，可以减少能源浪费，减少环境污染；发展秸秆养牛养羊，是广大农民脱贫致富有效途径之一。据调查，在河南省周口地区农民养一头牛平均赚 500～600 元。在山东省禹城市农户采用青贮和氨化秸秆养牛，人均畜牧业纯收入达 500 元；同时，秸秆养畜，还有利于改善人们的膳食结构，增加牛羊肉供应，减少猪肉食用量，有利人们身体健康。

三、秸秆处理的意义

我国常规饲料分类法中规定天然水分含量在 60%以下，干物质中粗纤维含量≥18%的饲料均为粗饲料，包括牧草、青干草、青贮饲料、农作物秸秆及籽实类皮壳等。

我国是个农业大国，有着极其丰富的粗饲料资源，仅农作物收获后的秸秆就高达 6 亿吨，若包括其他粗饲料，总量在 7 亿吨以上。这些粗饲料中的粗纤维含量较高（一般在 35%～50%），特别是所含木质素较高，有机消化物在 50%以下，而粗蛋白、粗脂肪含量低，含有较多的无氮浸出物（一般占 40%左右），灰分含量较高

(稻草含灰分高达12%～15%),容重低、适口性差,这些特点导致牛羊的采食量减少,消化率低(仅为40%～50%)。尽管如此,饲用秸秆经过合理调制处理和妥善贮藏后,粗饲料仍是牛、羊反刍动物日粮中不可缺少的组分,一般粗饲料可占日粮的40%～50%。充分利用处理和贮藏秸秆具有重要的意义。

(一)秸秆处理可保持或提高营养成分

经过氨化处理的作物秸秆与未经处理的秸秆相比,反刍动物的采食量可提高20%,消化率可提高20%～40%,粗蛋白质含量可提高1倍以上,能量价值可提高80%,1千克氨化秸秆相当于0.4～0.5千克燕麦的营养价值。青饲料晒干后养分损失30%～40%,维生素几乎全部损失,而青贮饲料能保持作物秸秆中大部分(85%以上)的养分,粗蛋白质和胡萝卜素损失量也较小。

(二)秸秆处理可提高动物的消化率

秸秆经过氨化处理,营养成分消化率一般可提高20%,其中粗纤维消化率提高6.4%～11.7%,粗蛋白质消化率可提高10.6%～12.2%。

(三)秸秆处理可提高适口性和采食量

经氨化处理的秸秆质地松软、有煳香味;青贮饲料柔软多汁、气味酸甜芳香,两者适口性好,牛羊都喜欢采食,采食速度可提高16%～43%,采食量提高20%～30%。

(四)保证反刍家畜饲草供给的稳定性,解决了冬春饲草短缺的问题

夏秋青草丰富,又正值作物秸秆收获季节,可将秸秆调制处理(青贮和氨化等)后长期贮藏,以满足牛、羊冬春季(或全年)饲喂青绿饲料或氨化饲料,保证饲料供应的稳定性。

(五)秸秆处理技术简单,成本低

不论青贮饲料还是氨化秸秆饲料,制作方法简便易行、易推广,不受气候和季节限制,成本低。据资料统计,堆垛法氨化成本仅为0.0124元/千克。

第二节　秸秆处理方法

近百年来，为了提高秸秆的营养、改善其适口性、提高其消化率和利用效率，世界各国科学家曾研究出许多秸秆处理和加工方法，主要有物理处理、化学处理、生物处理以及复合处理等方式。

一、物理处理法

物理处理法就是借助人工和机械等手段，通过切短、揉碎、粉碎、浸泡、蒸煮、膨化、热喷、射线照射等方法改变秸秆的物理性状，便于家畜咀嚼、改善适口性，提高采食量。

(一)热喷和膨化

热喷和膨化的工艺流程是：

原料预处理→中压蒸煮(170℃以上、8个大气压以上)→高压喷放(或膨化)→烘干粉碎

热喷的工作原理是通过热力效应和机械效应的双重作用，破坏秸秆细胞壁内的木质素、纤维素和半纤维素之间的化学键，使茎秆撕碎、细胞游离、细胞壁疏松、表面积增加，从而有利于与体内消化酶的接触。膨化处理原理是在密闭的膨化设备中经过一定时间的高温(200℃左右)、高压(15个大气压以上)处理后突然降压迅速排出，以破坏纤维结构，使木质素降解，结构性碳水化合物分解，从而增加可溶性成分。以上两种方法都可以提高秸秆消化率，但是由于设备一次性投资和运行费用高，加上设备安全性差，在生产实践中推广应用受到限制。

(二)颗粒化处理

从广义来说，粗饲料的干燥、制粒和压块等也属于物理处理。制粒压块技术是将秸秆粉碎到一定粒度或切短到一定长度之后，

按照饲料配方，将各种原料配备并混合后，用特定颗粒机或压块机制成颗粒饲料或饼块饲料。这种技术适用于大企业规模化生产，广大农户难以应用。

(三)射线照射处理

一般认为射线照射可增加饲料的水溶性部分，易被瘤胃微生物有效利用，使秸秆的消化率提高。但这项技术尚不成熟，在实际生产中还很少使用。

二、化学处理法

通过添加一定量的某种化学试剂，经过一段时间化合作用，达到提高秸秆消化的目的。例如用氢氧化钠或石灰试剂的碱法处理；用液氨、尿素、氨水或碳铵等试剂的氨化处理；用酸类(硫酸、盐酸、甲酸或磷酸等)试剂的酸化处理；用臭氧、双氧水或酸性高锰酸钾等试剂的氧化处理。此外，还有一些复合处理方法，如氨一碱复合处理和碱一酸复合处理等。

(一)碱化处理

碱化处理的原理是借助于碱性物质，使饲料纤维内部的氢键结合变弱，酯键或醚键被破坏，使纤维素分子膨胀、半纤维素和一部分木质素溶解，以使反刍动物胃中的微生物发挥作用，从而改善适口性，提高秸秆采食量和消化率。当前，碱化处理常用试剂为氢氧化钠或氢氧化钙，其中氢氧化钠的处理效果最为理想。但碱化处理排出的废水容易导致土壤板结，不利于环境保护，因此碱化处理将逐渐被氨化处理所取代。

(二)氨化处理

氨化处理的原理表述如下：

①碱化作用。这种碱化作用与上述碱化处理的作用相似。此外，糖醛酸和乙酸间的酯键被皂化，游离糖醛也被中和，从而更有利于瘤胃微生物的消化。

②氨化作用。在氨化处理过程中，由氨源分解而产生的氨（NH_3）吸附在秸秆上，并与其中的有机物发生氨解反应，形成铵盐，而铵盐可被瘤胃微生物利用合成优质菌体蛋白。由于瘤胃微生物获得了生长所需的氮源，将大大提高其活力，从而使其对秸秆的消化能力也相应提高。

③中和作用。呈碱性的氨遇到秸秆中的有机酸时，与其化合，可中和饲料中潜在的酸度，为瘤胃微生物消化秸秆创造有利的条件。

④当饲喂大量的精饲料时，瘤胃内可产生相当强的酸度，易引起酸中毒，而饲喂氨化秸秆可起到一定程度的缓解作用。

(三)氧化处理

氧化处理的实质可能是将植物木质素中的双键结构（—C=C—）氧化成单键结构（—C—C—），从而除去部分木质素，使秸秆的饲用价值得到改善。目前，氧化处理秸秆的处理效果不一，还有待进一步研究。

(四)酸化处理

酸化处理原理与碱化处理基本相同。因为秸秆内部的纤维素、半纤维素与木质素之间形成的氢键、酯键和醚键等化学键，也可以被酸性物质分解。目前，酸化处理没有氨化处理和碱化处理普及，其主要原因是成本高和对环境的污染较大。

(五)其他处理

研究表明，通过利用碱—氨化、碱—酸化等复合化学处理可达到单个处理方法所不具有的效果。

三、生物处理法

生物处理主要是利用微生物（以乳酸菌为主）的作用，在厌氧状态下发酵，此过程既可抑制或杀死其他各种微生物，又可降解可溶性碳水化合物而产生醇香味，提高饲料适口性。当前主要有青贮和微贮两种方法。

(一)青贮方法

青贮是一个复杂的微生物群动态演变生化过程，其实质就是在厌氧条件下，利用秸秆本身所含有的乳酸菌等将饲料中的糖类物质分解成乳酸，当酸度达到一定程度(pH 值3.8～4.2)后，就能抑制或杀死其他各种有害微生物(如腐败菌、真菌等)，从而达到长期贮藏饲料的目的。青贮可分为普通常规青贮和半干青贮，后者质量比前者优越。

(二)微贮方法

微贮就是利用外源微生物对秸秆进行处理，它是近年得到推广的一种秸秆处理方法。微贮与青贮的原理非常相似，不同的只是在微贮发酵前添加一定量的微生物添加剂(如秸秆发酵活干菌、白腐菌、酵母菌等)，然后利用这些微生物对秸秆进行分解利用，使秸秆软化，将其中的纤维素、半纤维素以及木质素等有机碳水化合物转化为糖类，最后发酵成乳酸和一些挥发性脂肪酸，从而提高瘤胃微生物对秸秆的利用。

四、复合处理法

为进一步提高秸秆的利用效率，可将多种处理法组合起来。例如，物理—化学处理组合，即将秸秆切短、粉碎，然后喷洒一定比例的化学试剂，作用一段时间后，再按照日粮配方添加精料和其他原料，最后再经过制粒或制块等物理方法，制成便于贮运的饲料。又如，物理—微生物处理组合，即先将秸秆切短、粉碎等，后添加微生物发酵处理剂(如酵母菌)，经过一段时间发酵后直接饲喂家畜。秸秆切短、粉碎后，化学试剂的作用更有效，微生物作用也更充分。因此，复合处理法可充分发挥各种单一方法的优势，比单一方法更能改善秸秆的营养质量，提高动物的消化利用率。

第七章　秸秆氨化处理与贮藏

第一节　秸秆氨化原理和优点

一、秸秆氨化原理

在秸秆中加入一定比例的氨水、无水氨、尿素或异尿素等溶液进行氨化处理，以提高秸秆营养水平和反刍家畜对秸秆的消化率的处理方法，称为秸秆氨化。秸秆氨化是迄今最经济、最简便而实用的秸秆化学处理方法，也是我国当前畜牧业生产中发展最快、应用最广且效果显著的方法。秸秆氨化由农业部于 1987 年在全国推广，1989 年被列为全国农业重点推广的 10 项实用技术之一，到 2004 年全国氨化、微贮秸秆达 598.2 万吨，居世界第一位。

秸秆氨化可以提高秸秆适口性、采食量、消化率和营养价值，是由于氨化对秸秆能起到碱化、氨化和中和三种作用。

(一)碱化作用

氨水是氨(NH_3)、水(H_2O)和氢氧化铵(NH_4OH)的混合体。一部分氨溶于水，与之结合生成氢氧化铵；同时一部分氢氧化铵又分解出游离氮。氢氧化铵是碱性溶液，可使木质素、纤维素、半纤维素部分分解，细胞膨胀，结构疏松。在牛羊瘤胃中的微生物直接与之接触时，将其分解，使家畜可消化利用。同时，少部分木质素被溶解形成羟基木质素，使消化率提高。

(二)氨化作用

当氨遇到秸秆，就同秸秆中的有机物质发生化学变化，成为铵盐(醋酸铵)。铵盐是一种非蛋白氮化合物，是瘤胃中微生物的氮素营养源，在瘤胃中的瘤胃脲酶作用下，铵盐被分解为氨，同瘤胃中的有机酸作为营养物质被瘤胃微生物利用，并同氮、氧、硫等元素合成氨基酸，再进一步合成菌体蛋白。每千克秸秆可形成40克铵盐，在瘤胃中可形成等量的菌体蛋白。铵盐可替代反刍家畜蛋白质需要量的25%～50%。

(三)中和作用

氨与秸秆中的有机酸化合，可消除醋酸根，中和秸秆中的潜在酸度。由于瘤胃呈中性(pH值为7左右)，瘤胃微生物更活跃，故可提高消化率。同时，铵盐改善了秸秆的适口性，可促使乳脂肪与体脂肪的形成。这是因为纤维素等在瘤胃内分解酶的作用下，可分解成挥发性低级脂肪酸(乙酸、丙酸和丁酸)，这些脂肪酸被家畜利用后可形成乳脂肪和体脂肪。

同样，尿素也可用来氨化秸秆。因为秸秆上有可分泌脲酶的细菌微生物，在适宜温度(20℃～30℃)和湿度(30%～50%)条件下，存放3～5天，脲酶可把尿素分解成氨气和二氧化碳。氨可产生像氨水一样的作用。

二、氨化秸秆的优点

用氨化秸秆喂养家畜，有以下几方面的优点：

①氨化秸秆质地松软、有煳香味，适口性好，牛羊爱吃，采食速度可提高16%～43%，采食量提高20%～30%。

②经氨化处理的秸秆消化率均有提高，一般可提高消化率20%(粗蛋白质含量提高6.4%～11.7%，有机物消化率提高4.7%～8%，粗蛋白质消化率提高10.6%～12.2%)，粗蛋白质含量提高4%～6%，能量价值提高80%，氨化秸秆的营养价值接近中等质量的干草，据测定总营养价值提高1～1.78倍，每千克氨化秸秆相当于0.4～0.5千克燕麦的营养价值。

③氨化秸秆喂牛后，牛尿含氮量有所提高，对保持土壤肥力有

好处。不像碱化秸秆(氢氧化钠处理)会使家畜饮水量增大,排尿量增多,尿中钠量大增,施肥后造成土壤碱化。

④氨可防止饲料霉变,能杀灭秸秆堆中的真菌和野草籽,氨化秸秆易于贮藏。

⑤在夏秋生产的氨化秸秆,可供家畜越冬、度春食用,保证反刍家畜饲草供应的稳定性。

⑥秸秆氨化简单易行,便于推广,成本较低。据资料,堆垛氨化法成本仅 0.0124 元/千克。

第二节 氨源选用

秸秆氨化的氨源,常用的有液氨、尿素、碳铵和氨水等。

一、液 氨

液氨又称无水氨(NH_3),含氨量为 82.3%,沸点 -33.33℃,-17.8℃下的蒸汽压力为 1.1 千克/厘米^2,38℃时为 13.9 千克/厘米^2。氨在常温常压下为气体,故液氨需要用高压容器(氨罐或氨贮车)贮运。氨化秸秆时液氨用量为秸秆干物质重量的 3%。它是一种最经济的氨源,氨化效果也最好。因为液氨需要用高压容器贮运,一次性投资较大。此外,液氨属于有毒易爆物质,要注意防爆防毒等安全问题。氨在空气中的含量达到 20%左右,点火就会发生爆炸。虽然爆炸概率不大,但应引起足够重视和采取预防措施。

二、尿 素

分子式为 $CO(NH_2)_2$,含氨量 46.67%。在适宜温度和脲酶的作用下,可分解为二氧化碳和氨气,化学反应方程式为:

$$CO(NH_2)_2 + H_2O \xrightarrow{\text{脲酶、合适温度}} 2NH_3\uparrow + CO_2$$

生成的氨气用于氨化秸秆。尿素的用量可在很大范围内变动,氨化均能成功。但兼顾氨化效果和经济性(尿素价格较高),推荐其用量为秸秆干物质重量的4%~5%。

尿素作为氨源的优点是:可方便地在常温常压下贮运;氨化时不需要复杂的设备;用尿素溶液氨化秸秆,对密封条件的要求也不像液氨那样严格,对人体健康无害。这对农村条件下推广尿素氨化秸秆是非常有利的。目前,尿素是我国普遍使用的一种氨源,其氨化效果较好,仅次于液氨,但优于碳铵。

三、碳　铵

碳铵全名为碳酸氢铵,分子式为NH_4HCO_3,含氮量为15%~17%。在适宜温度下,碳铵可分解为氨气、二氧化碳和水。化学反应方程式为:

$$NH_4HCO_3 \xrightarrow{\text{加热}} NH_3\uparrow + CO_2 + H_2O$$

碳铵是我国化肥工业的主要产品,货源充足,价格比尿素便宜,且使用方便。据报导,在南方梅雨季节用尿素和碳铵进行对比试验得出,尿素氨化的秸秆霉斑较多,而碳铵氨化的霉斑较少,说明在某种特定条件下碳铵比尿素有一定好处。秸秆氨化时碳铵的常用量为干秸秆重量的8%~12%。由于碳铵分解受温度影响,低温下分解不够理想,在较高温度下氨化效果好。

四、氨　水

氨水是液氨的水溶液。氨水的浓度一般为20%。以此浓度的氨水氨化,常用量为干秸秆重量的12%。由于氨水含氮量低,其贮运量大,较适合于临近化工厂的地区使用。

总体而言,氨化剂建议使用液氨和氨水,因为这二者氨化效果好,时间短,且价格便宜。

第三节　秸秆氨化方法及其工艺

常见秸秆氨化方法很多，主要有堆垛法、窖(池)法、氨化炉法、露地整秆法等。每种方法又可用不同的氨源进行氨化。现分述如下。

一、堆垛氨化法

又叫堆贮法、垛贮法，它是将切碎的秸秆堆成垛，用聚乙烯薄膜密封，注入氨化剂(氨源)进行秸秆氨化处理的一种方法。

(一)秸秆打垛

秸秆打垛有两种形式：一种是捆草垛，另一种是散草垛。捆草垛整齐，垛可打得高些，节省塑料薄膜，容易管理，不易漏气，计算垛的重量方便，缺点是水不易喷匀。散草垛打不高，必须用塑料薄膜包好，防止漏气。

捆草垛应用较为普遍，垛一般按4.6米×4.6米×2.1米的规格制作，垛顶做成屋脊形以利于排走雨水。顶上压上旧轮胎，再用绳索纵横捆住，防止风刮。为了注氨方便，在打垛时先置入注氨钢管(或木杠)，注氨时直接接通注氨钢管或抽出木杠插入注氨钢管。

不论哪种打垛形式，秸秆要选择新鲜的，贮藏一段时间的秸秆应干净、干燥、色鲜，不得使用发霉变质的秸秆。

(二)设备与设施

1. 垛场　垛场应选择在向阳、背风、排水良好、干燥平整、交通方便处，且应在距住房和畜舍40米以外。

2. 氨槽车、氨钢瓶(罐)和注氨管　我国目前采用注氨的方法有两种：一种是用氨槽车从化肥厂灌氨后，直接运到垛场氨化秸秆(图7-1)，另一种方法是将氨槽车中的氨分装入氨钢瓶(罐)后，再向秸秆垛中注氨(图7-2)。

图 7-1 氨槽车向秸秆垛注氨

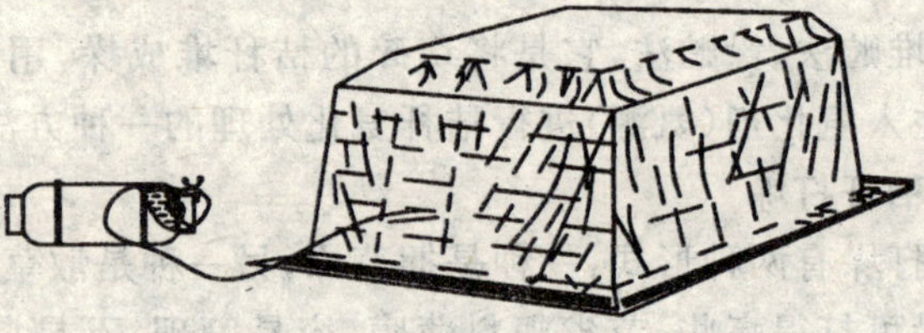

图 7-2 用氨钢瓶(罐)向秸秆注氨

氨槽车要由经过训练的司机操作,要熟悉氨槽的构造原理、操作技术及安全规则。

氨钢瓶在氨化秸秆时应卧放,使两个阀杆垂直于地面,上为气阀,下为液阀,液氨从下阀排出(图 7-3)。

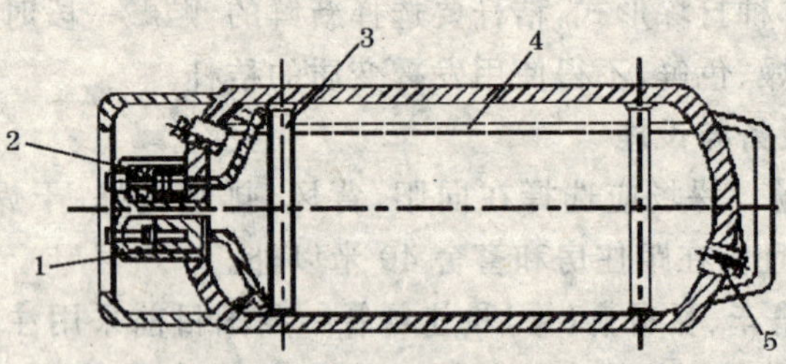

图 7-3 氨钢瓶结构

1. 液阀 2. 气阀 3. 导管 4. 液面 5. 放液塞

注氨管(图 7-4)用无缝钢制成,管径 30 毫米、长 3 000 毫米,前 2 000 毫米管上钻有许多 2 毫米的小孔,孔呈螺旋排列。注氨管常以 3 根为一组来使用。大秸秆垛注氨时,可换用塑料注氨管按水平 2 米、垂直 0.5 米的距离,在堆秸秆垛时直接摆放在草垛中。

以尿素为氨化剂时,可用干秸秆重量的 30%水将尿素稀释成溶液。配备水桶、喷壶、秤等设备进行氨化,可不用注氨管。

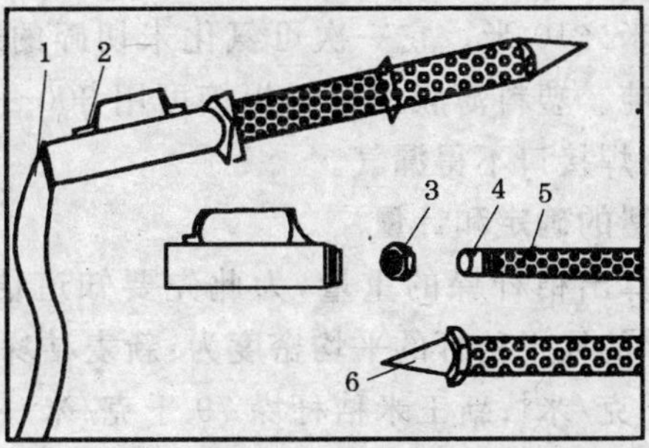

图 7-4　注 氨 管

1. 橡皮管　2. 手把　3. 螺母　4. 螺口　5. 注氨管喷孔　6. 尖端

3. 塑料薄膜　要求选用无毒、气密性好、抗老化的聚乙烯薄膜作草垛的垫底和覆盖,膜的厚度、宽度和颜色视具体情况而定。在氨化较粗硬的秸秆(如玉米秸秆等)时,宜用厚一些的薄膜,一般用 0.12 毫米的聚乙烯薄膜;氨化细软秸秆(如麦秸)时则用薄一些的。在露天使用时,宜选用抗老化的黑色聚乙烯薄膜,以便吸收阳光和热量,有利于缩短氨化时间,如果在室内使用,则选用浅颜色的膜。绝对不能使用有毒的聚氯乙烯薄膜。

薄膜的尺寸,可根据垛的大小来计算。

底膜尺寸:

长＝垛长＋留边(0.5～0.7 米)

宽＝垛宽＋留边(0.5～0.7 米)

罩膜尺寸：

长＝垛长＋垛高×2＋留边(0.5～0.7 米)

宽＝垛宽＋垛高×2＋留边(0.5～0.7 米)

有的塑料厂家制作专用于堆垛氨化的塑料罩，使用时将塑料罩罩在草垛上即可，大大提高了工作效率。

在生产实践中，所用薄膜尺寸，一般底膜(下铺)为 6 米×6 米，上盖为 10 米×10 米。它一次可氨化未切碎的麦秸 1.5 吨或切碎的麦秸 3 吨。塑料薄膜的密封焊接可用 300～500 瓦的电熨斗进行，薄膜及焊接口不得漏气。

(三)注氨量的确定和计量

首先要计算出秸秆垛的重量，为此先要知道秸秆垛的密度。据报道，未切碎的风干秸秆的平均密度为：新麦秸垛 55 千克/米^3，旧麦秸垛 79 千克/米^3；新玉米秸秆垛 79 千克/米^3，旧玉米秸秆垛 99 千克/米^3。其次，参考上述秸秆垛的平均密度再乘以秸秆垛的体积，即得出该秸秆垛的重量。最后，根据秸秆垛的重量乘以单位秸秆重量应注入的氨量，即为某一秸秆垛应注入的氨量。例如，某一旧玉米秸秆垛(密度为 99 千克/米^3)的长、宽、高分别为 4.6、4.6、2.1 米，注入相当于干玉米秸秆重量 3％的液氨进行氨化，则该玉米秸秆垛需注入液氨量为 4.6×4.6×2.1×99×3％＝131.98 千克。

注入氨的计量有两种方法。一种采用液氨流量表。目前，中国农业大学非常规饲料研究所研制出的流量表，其流量为 3～5 千克/分，误差不大于 3％。另一种方法是采用“一垛一瓶”，放完为止，便于计量。以注氨量 3％为例，分别对 0.5 吨、1 吨和 2 吨的秸秆垛相应使用 15、30、60 千克的氨钢瓶(罐)。对更大的垛，则可采用“一垛二瓶”等。此系统已在河北、河南等地试用表明，采用小氨瓶系统，便于贮运(用拖车甚至自行车也可)。

(四)堆垛氨化步骤

1. 铺底膜　在准备好的干燥平整地上，按秸垛大小铺上适合要求尺寸的 0.1～0.2 毫米厚的聚乙烯塑料薄膜。

2. 堆垛　把切碎的秸秆(麦秸、稻草一般切成 1.5～2 厘米，玉米秸秆切成 3～4 厘米)加水，调节秸秆含水量至 20%左右，混匀后铺放在塑料膜上堆垛。在堆垛过程中放入多孔的塑料管以便注氨，垛高可到 2 米、垛宽 2～3 米，垛长可长可短，根据氨化秸秆多少而定。一般说来，大垛可节省塑料膜，但易漏气。氨化玉米秸时，垛不宜大，过大则难以加水搅拌均匀。在水分不均匀的情况下，若 1～2 天内不及时封垛氨化，秸秆就会霉变发热。

3. 封垛　垛下和垛上铺盖的塑料薄膜每边都留出 0.5～0.7 米，以便把两面的塑料折叠好，用泥土压紧、封住(留一面注氨)。

4. 注氨　将硬塑料注氨管与液氨罐(瓶)接通，按前述计算的注氨量注氨并计量。最后取出垛中的塑料喷氨管，将孔洞用胶布粘贴封口。

(五)堆垛氨化安全注意事项

1. 操作人员要熟悉液氨的性质和氨钢瓶的结构(图 7-3)与使用方法　为了人身及财产安全，在工作地点必须设置防毒面具、风镜、防护靴、雨衣雨裤、橡胶手套、湿毛巾、大量清水、硼酸、食醋。操作时必须有两人在场，穿戴衣靴手套，一人操作，一人监护。开启氨钢瓶应小心且要慢，人站立在侧面，用手轮慢慢开启，输送软管必须完好没有折压，不得漏气，各个接头必须连接紧密，没有泄漏。氨钢瓶禁止敲击、碰撞、火烤，也不可靠近热源或爆炸物。氨钢瓶使用温度范围为－40℃～60℃，夏季要防止阳光暴晒。

2. 氨钢瓶要经常检查和保养　除氨钢瓶以外，压力表、安全阀、耐压胶管等必须定期检验，及时修理或更新。

3. 液氨的充装与运输要安全　充装液氨必须按照规定的压

力和数量进行。对氨罐车和氨钢瓶的各部分要反复检查，查看是否牢固和紧密。要有充装记录。

二、窖(池)氨化法

窖(池)氨化法是目前我国推广应用最为普及的一种秸秆氨化方法。

(一)窖(池)氨化法的优点

①可以一池(窖)多用，常年利用，既可用于氨化，也可用来青贮。

②若修成水泥池(窖)，可以使用多年，便于管理，防止鼠害，节约薄膜用量(只需盖膜)，降低成本，且易于测定窖(池)中秸秆重量，便于确定氨源用量。

③推广“双联池”，可轮换氨化和取用秸秆。例如，建造 4 米^{3}的双联池，用砖 1 000 块，水泥 2 袋，沙子 2 架车，约 200 元，农民负担得起。一个 2 米^3 的氨化池可氨化麦秸 300 千克，可供 2 头架子牛吃 1 个月。如制作青贮饲料，一池可贮 1 吨多。

(二)窖(池)的大小和结构形式的确定

窖(池)的大小可根据饲养家畜的种类和数量而定。首先要了解窖(池)每米^3 能装风干秸秆的重量、每头牲畜 1 年需要饲喂多少氨化秸秆及所氨化次数等。经过测算，每米^3 可窖装切碎的风干秸秆(麦秸、稻草、玉米秸)150 千克左右，牛日采食秸秆为牛体重的 2%～3%。例如，1 头 200 千克的架子牛，日采食秸秆为4～6 千克，则 1 年需氨化秸秆 1.5～2 吨。如用窖(池)制作青贮饲料，每米^3 可制作 650 千克左右。再根据实际情况(每年氨化次数、养畜头数等)和以上资料设计窖(池)的大小。

窖的形式多种多样，可建在地上，也可建在地下，还可一半地上一半地下。窖以长方形为好，如在长窖中间砌一隔墙，即成双联池(图 7-5)则更好。图 7-6 为氨化窖剖视图。

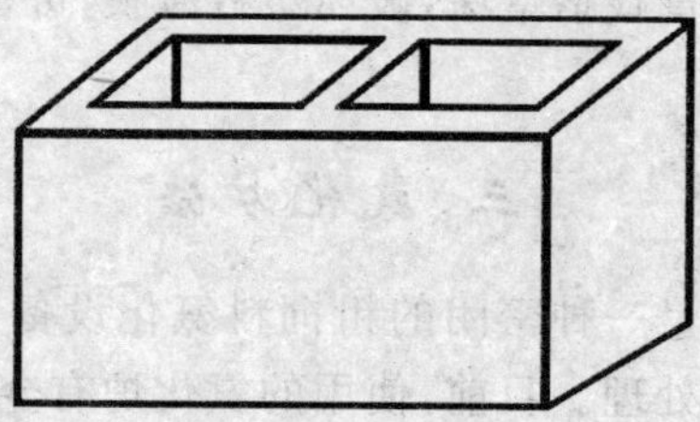

图 7-5 双联池

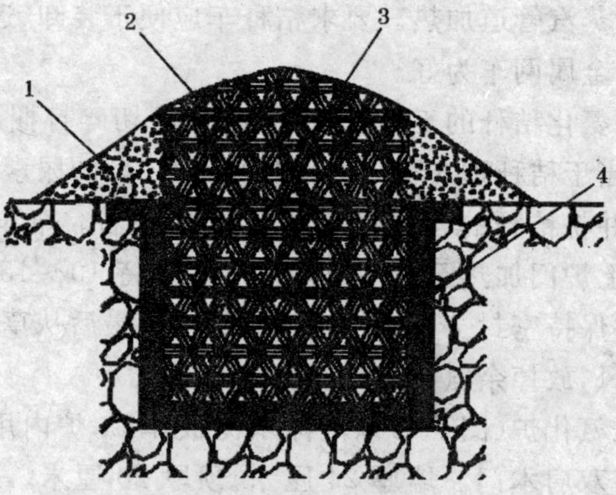

图 7-6 氨化窖剖面图

1. 压边泥土 2. 盖膜 3. 秸秆 4. 窖壁

(三)氨化操作

先将秸秆切至 2 厘米左右碎段，每 100 千克干秸秆要用 5 千克尿素(碳铵)。将尿素(碳铵)用 40～60 千克水溶化，分数次均匀喷洒在秸秆碎段上。入窖前后喷洒均可，以均匀为原则。若在入窖前将碎段摊开喷洒则洒得更均匀。边装窖边踩实，待装满踩实后用聚乙烯塑料薄膜覆盖密封，最后用土压好即可。

为了防止人畜践踏草垛，破坏塑料薄膜，可在垛的四周设置围栏等防护装置。

三、氨化炉法

秸秆氨化炉是一种密闭的粗饲料氨化设备，它可将秸秆等饲料进行快速氨化处理。目前，使用的氨化炉有金属箱式、土建式和拼装式三种。

氨化炉由炉体、加热装置、气流循环系统和秸秆车等组成。炉体要求保温、密封和耐酸碱腐蚀。加热装置可用电加热，也可用煤作燃料通过蒸汽管道加热。要求秸秆车应便于装卸、运输和加热，以带铁轮的金属网车为好。

氨化炉氨化秸秆的工作原理是：将秸秆切碎打捆后置于秸秆车中，把相当于秸秆重8%～12%的碳铵或5%的尿素溶液均匀撒到秸秆上，并将秸秆的含水量调整至45%左右。草车装满后，推进炉内，关上炉门加热至70℃～90℃，并维持10～15小时，然后停止加热并保持密封7～12小时（即闷炉）。最后从草车中取出秸秆，自由通风，放掉余氨，即可饲喂家畜。

土建式氨化炉（图7-7）以泡沫水泥板作顶，炉内用水泥抹面，在一端装有双肩木门。墙厚24厘米，顶厚20厘米。木门镶有石棉毡，并包上铁皮，炉内尺寸：3米×2.3米×2.3米。每炉可氨化秸秆600千克。左右内侧壁下方各安装有4根电热管，每管1.2千瓦，总计9.6千瓦。后墙中央、上、下各装有风口一个，分别与炉外的管道和风机连接。风机在加热时开启排风。

用氨化炉氨化秸秆的优点是缩短氨化时间，氨化效果好，不受季节限制。但其成本较高，推广应用比较困难。近年有的地区利用现有的烤坑氨化秸秆，以煤为燃料，既节省了设备投资，又减少了能源开支，大大降低了氨化成本。

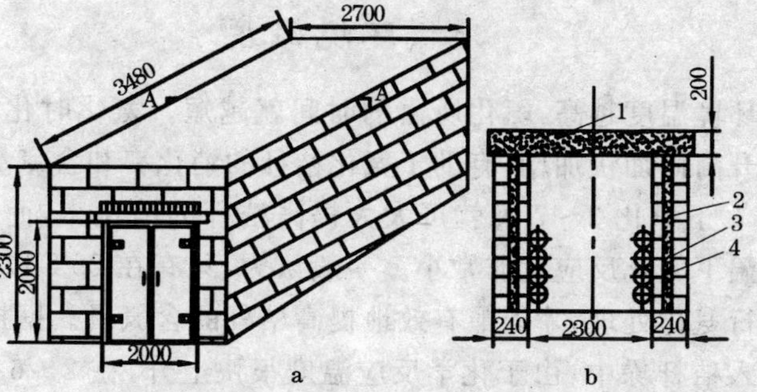

图 7-7　土建式氨化炉　（单位:毫米）

a. 总图　b. A-A 剖面图

1. 顶盖　2. 砖砌体　3. 蛭石加粉煤灰　4. 电加热管

四、露地整秆氨化法

氨化方法与堆垛氨化法大体相似，不同之处是整株不切碎，堆垛时用人工打成 30 千克左右的草捆，纵横交错向上码垛，垛长×宽×高为 20 米×1.8 米×2 米，垛顶呈弧形。氨化台的尺寸:长×宽×高为 20 米×2 米×0.1 米。覆盖塑料膜、注氨等与堆垛法相同。试验表明，由于露地整株法堆的垛，垛内渗透均匀，故氨化的玉米秸秆呈褐黄色，略带青香味，整株内外一致，无霉变。其粗蛋白质含量为 8.27%，粗纤维含量为 31.18%，均优于对照组——地窖氨化法的 5.773%和 33.06%，氨化成本为 0.14～0.15 元/千克，比地窖氨化法的 0.18～0.19 元/千克也有所降低。

第四节　影响氨化质量的因素

影响氨化秸秆质量的因素有环境温度、氨化时间、氨的用量、秸秆水分、秸秆种类及其部位（叶、茎）等。

一、环境温度

环境温度越高，氨化所需的时间就越短。氨化时化学反应随温度升高而加快加剧，有助于氨化秸秆的消化率和含氮量的提高。在45℃下氨化3～7天就可大大提高秸秆的消化率，而在－20℃的低温下氨化反应就非常小。一般认为，只有在25℃以上的环境中进行氨化处理，才能最有效地提高秸秆的含氮量。据报道，当氨液注入秸秆垛中，由于化学反应温度很快上升，在2～6小时就达到最高峰。温度的上升决定于开始温度、氨的剂量、含水量及其他因素，但一般变动在40℃～60℃。最高温度在秸秆垛的顶部，1～2周后下降到接近周围温度。因此，秸秆氨化应在秸秆收割后不久、气温相对高的时候进行。

二、秸秆含水量

秸秆含水量是决定秸秆氨化效果的另一重要因素。多次试验证实，提高秸秆含水量，对改善秸秆消化率有好的作用。据报导，无论氨化温度如何，将秸秆含水量从12%提高至50%，都能提高秸秆的消化率。因此，在便于操作、运输、贮藏以及保持秸秆不致霉变的前提下，以秸秆含水量较高为好。但是含水量过大，既不便于操作运输，也易引起秸秆霉变，不利于贮藏。用含水量分别为2.5%、5.0%、7.5%和10%的秸秆，用2%的液氨处理6周，其消化率随着含水量的增加而逐步提高，但没有含水量为12%时提高的幅度大。人们认为，秸秆氨化时，其含水量以15%～25%为最合适。在生产实践中，用堆垛法氨化秸秆，其含水量以20%～25%为宜；用氨化炉处理秸秆，含水量以30%～40%为宜。用尿素或碳铵处理秸秆，含水量以45%左右为最适合。

三、氨化时间

秸秆氨化处理时间的长短决定于环境温度。温度在0℃～4℃时氨化约需8周，温度在17℃～25℃时，氨化时间可少于4周，而采用炉温达85℃的氨化炉来处理，只需要氨化24小时即可。

四、氨的用量

生产实践表明，氨的用量与氨化效果和经济性密切相关。据报导，将氨的用量从占干秸秆1%提高至2.5%，秸秆的消化率有明显提高；氨的剂量从2.5%提高到4%，秸秆的消化率提高较小；氨的剂量超过4%时，消化率提高甚微。因此，氨的经济用量以2.5%～3.5%为宜。

用液氨、尿素、碳铵或氨水等处理秸秆时，它们的用量可根据各自的含氮量换算。液氨的含氮量为82.%、尿素为46.67%、碳铵为15%、氨水为20%。氮转换为氨的系数为1.21，所以用不同氨源氨化秸秆，每100千克干秸秆的用量可用下式换算：

$$\text{不同氨源用量}=\frac{\text{氨的最经济用量}}{\text{氮源的含氮量}\times 1.21}(\text{千克})$$

根据上式换算结果，氨化100千克干秸秆需要液氨2.5～3.5千克，尿素4.45～6.22千克，碳铵13.77～19.28千克，氨水(以含氮20%为例)10.3～14.46千克。

用尿素或碳铵处理秸秆，在不同季节和不同温度时，同一秸秆量所需用的尿素(碳铵)量是不同的，见表7-1。

表7-1　不同条件下每100千克干秸秆氨化所需尿素(碳铵)量　(单位:千克)

项　目	温度5℃～10℃	温度20℃～27℃	备　注
尿　素	8	5.5	加水量均为60千克
碳　铵	6	12.0	

在生产实际中，氨化100千克干秸秆，常用液氨3千克，尿素4～5千克，碳铵8～12千克，氨水(含氮20%)11～12千克。

五、秸秆的类型

秸秆经过氨化，其营养价值提高幅度与秸秆原有营养价值的大小呈负相关，即品质好的秸秆，提高的幅度较小，如果秸秆的消化率达到55%～65%，一般用不着氨化了。例如，消化率为65%～70%的粗饲料及幼嫩青干草料就不必氨化了。

六、氨化压力和氨化装置的密封性

在氨化炉内进行秸秆氨化时，炉内的压力也是影响氨化质量的重要因素。据报导，压力在0.98～4.9个大气压的范围内，压力的增加与秸秆消化率的提高呈正相关。

氨化装置(设施)的密封性，直接影响氨的浓度，而氨的浓度是影响氨化效果和经济指标的重要因素，故应经常检查氨化装置(设施)和塑料薄膜的密封性，如发现漏气应立即补漏。

第五节　氨化秸秆品质鉴定

氨化秸秆的品质鉴定，主要有感官鉴定法、化学分析法和生物技术法三种。现分述如下。

一、感官鉴定法

感观鉴定，就是观察秸秆的物理变化。此法简便易行，但准确度差。

氨化好的秸秆，质地变软，颜色呈棕黄色或浅褐色，释放余氨后气味煳香。若秸秆变为白色、灰色，发黏或结块等，说明秸秆已经霉变，不能喂饲牲畜。这种情况通常是因为秸秆含水量太高、密封不严或开封后未及时晾晒所致。若氨化后秸秆的颜色同氨化前基本一样，虽然可以饲喂，但说明没有氨化好。

二、化学分析法

此法能测出秸秆的各个有关成分（如粗纤维、粗蛋白质等）的准确含量，但不能全面准确地评价秸秆的营养价值。此外，也不能反映家畜采食量的多少。

目前，化学分析法在我国应用较广。方法是通过分析秸秆氨化前后各项主要指标（如干物质消化率、粗蛋白质等），以判定秸秆氨化后质量的改进幅度。利用奶牛场空闲青贮窖氨化秸秆，液氨剂用量为干秸秆重量的 3%，氨化秸秆的主要指标与羊草对比情况见表 7-2。

表 7-2　氨化秸秆与羊草的主要指标　（%）

品　种	营养成分			
	干物质	粗蛋白质	粗纤维	干物质消化率
羊　草	90	5.88	32.00	52.00
冬小麦秸	90	2.20	41.00	39.72
氨化冬小麦秸	90	7.64	39.00	50.00
稻　草	90	3.86	33.10	24.00
氨化稻草	90	7.84	32.48	48.00
玉米秸	90	3.70	30.50	42.00
氨化玉米秸	90	8.72	30.50	60.00

从上表可知，氨化后的麦秸、稻草和玉米秸的粗蛋白质含量分别提高 5.44%、3.98%和 5.02%；消化率分别提高 10.28%、24%和 20%。氨化小麦秸和玉米秸的消化率已接近或超过羊草的消化率。

三、生物技术法

它是利用反刍动物体内消化试验测定秸秆消化率的方法，近年来不仅在科研单位应用，而且已被我国一些生产单位所采用。用绵羊瘤胃瘘管尼龙袋消化试验的方法，测定的麦秸干物质瘤胃降解率见表7-3。

表7-3 干物质降解率 （%）

样品名称	干物质(%)	消化时间(小时)						理论最大降解率
		8	16	24	48	72	96	
氨化麦秸	92.72	23.72	32.57	39.96	55.62	64.75	70.08	77.54
普通麦秸	91.51	16.95	25.99	32.70	44.14	48.13	50.75	52.17

从上表可知测定的结果为：氨化麦秸在所有时间段的降解率和理论最大降解率均比未经氨化的普通麦秸高。

第六节　氨化秸秆的贮藏

氨化秸秆的目的，一是可提高秸秆的营养价值，一是为其长期安全贮藏创造条件。

氨化秸秆在垛中、窖中或其他容器中可贮藏很长时间(长达1～2年)。只要塑料薄膜不破、密封良好，不漏氨，就不会发霉变坏。在贮藏过程中，必须经常检查，防止鼠害、人畜践踏、风吹雨打日晒等原因损坏塑料薄膜。

秸秆氨化好后(经过一定氨化时间)，就可开垛或开窖取出饲用。如果是用液氨处理的，秸秆的含水量在20%以下，就可打开垛(或窖)拿出一部分晾晒1～2天，放走余氨，即可投喂家畜。将垛(或窖)中打开取出需要部分后，应马上将垛(窖)封闭好。用完一部分后再打开另取一部分晾晒后投喂，直到用完。

若用尿素或其他氨源处理，含水量大，则可将垛(窖)上的塑料薄膜全部拿开，取出垛(窖)中的全部秸秆进行晾晒，晾干后放入草棚或房舍内贮藏备用。可整垛的草全部晾晒，也可用水泥池晾干。

为氨化秸秆长期安全的贮藏，必须注意两点：

一、防止漏气跑氨

造成漏气的原因不外乎塑料薄膜破损或覆盖不严两种情况，塑料薄膜多是由于鼠害、人畜践踏或因风吹雨淋日晒老化而破损。薄膜破损，则漏气跑氨，而氨是杀灭和抑制真菌的，氨泄漏后，就无法控制真菌的孳生。

二、防止含水量过高

秸秆含水量高，有利于真菌生长，易造成霉变、腐败。造成秸秆含水量高不外乎两个原因，其一是氨化时秸秆太湿或加水过多；其二是塑料薄膜破损或覆盖不严而渗进雨水。因此，要注意氨化时对用水量的控制(不得加水过量)和在贮藏过程不让雨水渗入。若发现氨化秸秆含水量高时，如前所述，应开垛(窖)1 次，全部晾晒，干燥后贮藏，长期饲喂。如用液氨处理秸秆，其含水量不高，则可边开垛、边取出、边干燥、边饲喂，随即封垛。下次再开再取，直至饲用完毕。

控制好以上两点，就可防止秸秆霉变和腐败发生。特别要防止漏气和含水量过大的情况同时发生，这样，必然造成氨化秸秆的霉变和腐败。

第八章　秸秆生物处理与贮藏

生物处理法的实质是利用微生物处理秸秆。也就是接种一定量的特有的菌种对秸秆饲料进行发酵和酶解，将秸秆中粗纤维部分降解转化为家畜可消化利用的糖类、粗脂肪和粗蛋白质等成分，并改善其适口性，以提高其营养价值和消化利用率。

微生物处理秸秆，目前在生产实践中主要采取青贮、微贮和酸贮。迄今为止，生产中只有青贮和微贮两种方法得到国家农业部的认可而获得推广应用，以下分别对这两种方法加以介绍。

第一节　饲料青贮

一、青贮饲料概述

(一)青贮饲料的含义

青贮饲料是将切碎的新鲜植物体，通过微生物厌氧发酵和化学作用，在密闭无氧条件下调制成一种适口性好、营养丰富和消化率高的饲料。制作青贮饲料的主要目的是贮藏生长旺盛期或刚刚收获作物后的青绿秸秆，保持其原有营养价值(或损失甚少)，满足饲料短缺时的需要，是保证常年均衡供应家畜饲料的有效措施。

(二)青贮原料及青贮技术的发展状况

青贮饲料的原料来源极为广泛，禾本科作物、豆科作物、作物块根、块茎、水生饲料和树叶等家畜能采食的原料均可用来青贮。目前用得最多的是专门种植用于青贮的带穗玉米，其次是摘穗后的玉米秸、高粱秸和甘薯藤等。此外，我国南方绿肥作物紫云英也是制作青贮饲料的好原料。

多年来，青贮饲料已被世界各国所重视，特别是畜牧业发达的国家已将其作为发展畜牧业的重要手段和措施。随着大型运输工具和田间作业机械的发展，可以在饲料作物收获时，同时进行收获和调制秸秆的联合作业，使青贮技术得以迅速发展和普及。我国对青贮饲料极为重视，国家农业部将其作为十大技术推广项目之一。2004 年全国秸秆青贮量达 1 366.99 万吨。

(三)青贮饲料的优点

青贮饲料是饲喂奶牛的主要饲料，也是舍饲或半舍饲半放牧家畜在枯草季节的优质饲料。总之，它是牛羊饲养业中的主要饲料之一。它的优点是：

1. 青贮原料丰富　青贮原料来源丰富，作物秸秆（如玉米秸、高粱秆等）、牧草、甘薯藤、各种野草、树叶等，都可以用来青贮，可以充分利用各地饲草和作物秸秆资源。

2. 青贮饲料可保持青绿多汁饲料的营养，减少营养物质的损失　植物整株（包括秆、茎、叶）都可青贮，秸秆的绿色、叶片和浆汁都可保存下来。所以，能保存植物秸秆大部分（85%以上）的养分，粗蛋白质和胡萝卜素损失也较小，而青饲料晒干后养分一般损失30%～40%，维生素几乎全部损失掉。例如，青贮甘薯藤每千克干物质中含有胡萝卜素 90 毫克，而晒制后的只含有 2.5 毫克。又如晒制干草，干物质损失可达 20%～30%，有时甚至更多（表 8-1）。

3. 适口性好　青贮饲料在微生物发酵过程中产生乳酸、醋酸和醇类物质，具有酒酸香味，易于消化吸收，且有轻泻作用。有些质地粗硬的饲料，家畜不爱吃，但经过青贮发酵后，质地变得柔软，具有酒香味，令家畜食欲大增。据报导，青贮饲料的消化率均比同类原料晒制成的干草有所提高。

4. 有利改善饲草的营养价值　用收完籽实的玉米秸青贮后，比干玉米秸秆纤维含量低 2.29%～5.95%，而粗蛋白质含量却提高 0.82%～1.09%。此外，制作青贮饲料，可以同时添加尿素、甲酸、丙酮、甲醛、食盐和糖蜜等添加剂，也可以把青贮料与精料或其他补充料配合成“完全日粮”，从而使青贮饲料营养价值更高，饲喂家畜效果更好(表 8-2)。

表 8-1 粗饲料不同调制法的营养损失 (%)

调制方法			平均损失(%)	
			干物质	可消化蛋白质
干草	地上晒干	晴天	20～25	25～30
		雨天	25～35	40～45
	架上晒干		15	25
青贮		优	5～10	5～15
		良	10～15	15～20
		差	25～30	30～50

表 8-2 青贮饲料与干草消化率的比较

饲料种类	消化率(%)				
	干物质	粗蛋白质	脂 肪	无氮浸出物	粗纤维
干 草	65	62	53	71	65
青贮饲料	69	63	68	75	72

5. 青贮饲料占地面积和所占空间比干草少得多 青贮饲料的容重为 450～700 千克/米^3，每米^3 含干物质约 150 千克；而干草的容重为 50～70 千克/米^3，每米^3 含干物质 60 千克左右。1 吨苜蓿干草为 13.3～13.5 米^3，而 1 吨青贮苜蓿的体积仅有 1.25 米^3。因此，青贮饲料比干草所占的面积和空间都小得多。

6. 青贮饲料受天气因素影响少，可以安全长期贮藏 在阴雨季节要晒干新鲜青草较为困难，而青贮时间比晒干时间短，而且受天气影响少，从而可减少损失。

青贮饲料经青贮发酵后，其中所含的病菌、虫卵和杂草籽等失去活力，不仅减少了家畜病害的感染概率和对农田的危害，而且青贮饲料在密封状态下，营养物质不会变坏，可以长期贮藏，是在冬季提供多汁饲料最好的方式，也是干旱和其他灾害年份饲料短缺时的理想贮备饲料。

二、青贮饲料的发酵原理、过程及注意事项

(一)青贮饲料的发酵原理

制作青贮饲料的原理就是其发酵原理。它是将含有适量水分的青绿作物秸秆或青草等，经切碎后贮存(充填)在青贮窖(壕或容器)内，也就是使切碎的青绿草在缺少空气(即缺氧)的环境中，利用青贮料上附着的乳酸菌(一种厌氧菌)在这种环境下能大量生长繁殖的特点，产生大量乳酸，当酸度降到一定程度(pH 值为 3.5～4.2)时，便能抑制真菌和腐败菌生长，从而长期安全贮藏青贮饲料并保存其营养价值。因此，青贮发酵是一个复杂的微生物群演变和生物化学的过程。

(二)青贮的发酵过程

青贮期间的发酵变化一般经历 5 个主要阶段。

1. 青贮料呼吸阶段，即给乳酸菌繁殖创造条件阶段　青贮料填入青贮容器并封闭后，因容器中仍有空气存在，植物细胞将利用容器内残留的氧气，继续进行呼吸代谢作用，氧化分解可溶性碳水化合物，产生二氧化碳(CO_2)、水(H_2O)和热量。该过程一直持续到容器内的氧气被耗尽而形成厌氧状态为止。

由于重压(压实青贮料)的作用，水分自青贮料中渗出。此阶段伴随有热量产生料温随之上升，在压实良好和水分适当时，青贮容器中温度可维持在 20℃～30℃，有利于乳酸发酵。若青贮料压实不紧(残留的氧气过多)，且水分过少，植物细胞呼吸期将延长，将引起糖原的过多消耗而影响乳酸发酵，同时也会导致青贮容器

内温度升高。当温度达到50℃时，各种营养成分损失很大，青贮料品质变坏。一般在正常情况下(踩实压紧、排除青贮料间隙中的空气)，秸秆呼吸过程中产生的二氧化碳，会逐渐占据青贮容器中的空隙，使青贮容器内变成厌氧环境，再加上产生的热量，就给乳酸菌繁殖创造了有利条件，也就为获得优良青贮饲料创造了有利条件。

2. 好氧细菌繁殖阶段 青贮封窖后最初几天，窖内尚存的氧气，加上植物细胞受到机械切割，因压实而排出的汁液，内含丰富的可溶性碳水化合物等养分，为好氧微生物提供了很好的生长条件，此时好氧性微生物(如大肠杆菌、芽孢杆菌属等)开始强烈活动、繁殖，分解蛋白质和糖类而产生氨基酸、乳酸和乙酸等物质。

另外，在植物体自身蛋白分解酶的作用下，蛋白质被分解为氨基酸，且在进一步脱羟基后产生氨化物与二氧化碳。蛋白分解酶的活性即使到达厌氧状态时也并不能立即丧失，将一直持续到青贮料 pH 值降至4以下为止。

第一和第二阶段为1～3天，从营养保存和有效发酵的角度考虑，这个阶段越短越好，如果过长，对其后的乳酸发酵会不利。

3. 好氧细菌停止活动阶段，它也是乳酸发酵期 由于青贮料越压越实，空气逐渐被排出，经过3天左右的植物细胞呼吸作用和好氧微生物活动，将氧气耗尽而产生二氧化碳，窖内形成厌氧状态。此时，在厌氧性乳酸菌的作用下，进行糖酵解产生乳酸。化学反应方程式为：

$$C_6H_{12}O_6 \xrightarrow{\text{乳酸发酵}} 2CH_3CHOHCOOH\text{(乳酸)}$$

乳酸菌迅速繁殖，分解可溶性碳水化合物而产生大量乳酸，使 pH 值迅速降低，致使腐败菌、酪酸菌等活动受抑制、停止，甚至死亡。同型和异型发酵将葡萄糖或果糖分解为乳酸。一般乳酸发酵大约在原料装入之后3天左右开始。

4. 发酵稳定阶段——自身抑制期　如果原料中的可溶性糖含量充足，并且能保证厌氧条件，乳酸菌可迅速繁殖，形成大量乳酸。在正常情况下，窖内温度将由33℃降至25℃，pH值由6降至3.4～4。这一阶段持续15～20天。当酸度增大，pH值降至低于4.2时，腐败细菌、丁酸菌等死亡，乳酸菌的繁殖亦被自身生产的酸所抑制，使青贮发酵进入稳定状态。

5. 安定阶段　在第四阶段的基础上，若产生了足够的乳酸，即转入安定阶段，青贮饲料就可长期贮藏而不腐败。若青贮饲料压得不紧，封得不严，空气进入，经氧化作用而腐败，则不仅青贮料有腐臭味，而且会引起大量养分的损失。这种情况一般在原料被装填后30天左右发生，用这种腐败青贮饲料饲喂奶牛易导致产奶量下降，并且易发生痢疾和乳房炎类疾病。

以上青贮发酵过程的5个阶段列表如下。

表8-3　青贮发酵过程的5个阶段

阶段	环境条件	变化主因	物质变化	期限
1	好氧	植物细胞	碳水化合物(CO_2)	1～3阶段共需3天
2	好氧	好氧性细菌	碳水化合物(醋酸)	
3	厌氧	乳酸菌	碳水化合物开始转化为乳酸	
4	厌氧	乳酸菌	乳酸增加，温度降到25℃，pH值降到4.2以下，进入稳定期	2～3周
5	厌氧	酪酸菌	正常安定阶段。若乳酸不足，则丁酸产生，蛋白质分解，青贮霉坏。	2～3周

（三）青贮成败关键及注意事项

青贮饲料的成败，其关键在于乳酸的发酵程度。封闭好的青贮料在厌氧性细菌的作用下，植物细胞内的糖分在不同的细菌作用下产生乙酸、乳酸和丁酸。乙酸和乳酸具有浓郁的酒酸和芳香气味;而丁酸是挥发性有机酸,具有难闻的气味,会影响青贮饲料的品质。青贮原料含水量过高和碳水化合物含量不足,均易使丁酸菌大量繁殖。

青贮料中蛋白质的变化与 pH 值有关。当 pH 值小于 4.2 时,在酶的作用下,部分蛋白质分解为氨基酸,并较为稳定,不会造成蛋白质损失。pH 值大于 4.2 时,由于腐败菌的活动,氨基酸分解成铵类、氨气和硫化氢等,将造成蛋白质的损失。

根据上述青贮发酵的基本原理和生化过程,在饲料青贮时应注意以下事项:

1. 青贮窖必须封闭、原料要压实 青贮原料必须切碎,越碎越好。因为细碎便于压实,否则将造成青贮窖内含过多的空气,呼吸过程延长,糖分被消耗过多,形成高温(可达 60℃)发酵,产生较多的丁酸,并使 pH 值升高,导致真菌和铵的产生,致使青贮料品质变坏。

2. 青贮料的水分要适宜 乳酸菌繁殖的适宜水分为 60%~75%。如果水分过多,易压实结块,利于酪酸菌的活动;且在糖类被稀释后,发酵过程将延长。此外,青贮原料的汁液易被压挤出来,使养分渗漏流失。如果水分过少,便不易压实,窖内存留大量空气,利于真菌繁殖,导致青贮料的腐败霉烂。所以,一般青贮原料的含水量宜在 65%~75%,半干青贮料可低至 50%~55%。测定青贮料含水量的经验是用手挤压,如果水分从手指缝间滴出,其水分在 75%~85%;挤压松手后仍呈球状而手无湿印,其水分为 68%~75%;松手后球状慢慢膨胀,其水分为 60%~67%。

3. 青贮原料要有足够的含糖量 青贮原料只有含足够的糖,才能保证乳酸菌的正常发酵而生成乳酸,降低 pH 值,抑制丁酸菌的繁殖,并防止蛋白质降解为氨。实践表明,青贮饲料质量的好坏与含糖量有直接关系。当可溶性糖的含量大于 2%时,出现劣质青贮饲料的可能性只有 5%,而含糖量小于 2%时,这种可能性达

44%。所以，青贮时青贮料的含糖量若低于3%，就应添加其他含糖量高的物质，以便提高青贮效果。不同原料其含糖量是不同的。例如，玉米植株和高粱植株含糖量分别为26.8%和20.6%，而草木樨和苜蓿的分别仅为4.5%、3.72%。含糖量高的原料，青贮后品质就好，属于易青贮类饲料；反之，属于不易青贮饲料，因此在生产实践中，应尽量选择那些含糖量高的饲料作为青贮原料；或将含糖量高的原料与含糖量低的原料配合在一起进行青贮。

4. 要有一个适宜的温度环境 青贮料装入窖中后，植物细胞仍在呼吸，碳水化合物经氧化生成二氧化碳和水，同时放出热量。随着时间的推移，窖内温度不断升高。最适宜于青贮的窖内温度为30℃。若压得不实，封顶不严，空气进入后，细胞继续呼吸，青贮发热，同时真菌繁殖，温度可上升至60℃，结果将造成青贮饲料腐败变质。因此，饲料青贮一旦开始，就要集中人力、物力，割、运、切碎、装窖和压实同时快速进行，装满后及时封顶，这有利于缩短青贮过程中植物细胞呼吸和好氧发酵的时间，提高青贮饲料的质量。

三、青贮建筑设施

（一）青贮设施类型

青贮各种饲料必须要有适当的建筑设施。青贮建筑设施多种多样，用得较多的是以下几种类型：水平青贮建筑设施（青贮壕、青贮槽）、青贮窖（地下青贮窖、半地下青贮窖、地上青贮窖）、普通青贮塔、气密限氧青贮塔、临时性青贮设施（封闭式青贮堆、塑料青贮袋）等。

各地可根据不同条件，因地制宜地采用不同形式的青贮设施。经济条件允许时，可修筑长期使用的永久建筑设施，也可以挖掘简单易行的临时性土窖，或利用闲置的贮水池、发酵池等。在我国长年可青贮的南方，有些养畜专业户利用木桶、水缸、塑料袋等来青贮，只要青贮得法，均能调制成良好的青贮饲料。在地下水位低的、冬季寒冷的地区，宜采用地下式或半地下式青贮窖或青贮塔。近年来，还有采用直接在地面上用塑料薄膜覆盖堆贮的方法。现就我国农村普遍应用的青贮设施介绍如下。

1. 青贮窖 青贮窖可按形状分为圆形和长方形；按相对于地面的位置，又分为地上、地下和半地下，见图 8-1。它是当前便于推广的青贮设施之一。在建窖时，首先要考虑地下水位的高低，在地下水位高的地区，应采用半地下式，窖底必须高出地下水位 0.5 米以上，以防水渗入窖中。

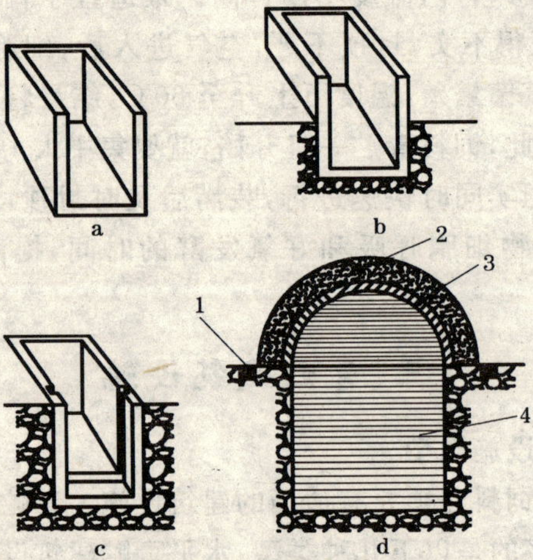

图 8-1 青贮窖的各种型式

a. 地上式 b. 半地下式 c. 地下式 d. 地下式圆形青贮窖

1. 排水沟 2. 泥土(0.3～0.4 米厚) 3. 塑料布 4. 贮料

用得较多的是圆形青贮窖，类似水井。条件允许时应建成砖石、水泥结构的永久窖，坚固耐用。如建筑临时性青贮土窖，应将窖壁和窖底捶紧夯实。如为长方形，四角要挖成半圆形，以利于青贮料均匀下沉。窖壁要有一定斜度，上大下略小，以防倒塌和便于压实。青贮土窖应在制作青贮饲料前的1～2天挖好，经过晾晒，减少土壤水分含量，增加窖壁的紧硬度，但不宜暴晒过度，以防干裂。如逢雨季，挖好后即可青贮。临时性青贮窖常易渗水，且窖壁四周原料易霉烂，损失部分约占总量的10%～25%，加上每年都要修建，长期使用不经济合算。

一般圆型青贮窖的直径与窖深之比以1∶2～3.5为宜。窖体容积以装满一窖不超过两天工作量为宜。这种青贮方法适用于养殖专业户。

2. 青贮堆　选择干燥平坦的地面，铺上塑料布，然后将青贮料卸在塑料布上垛成堆。青贮堆四边呈斜坡，以便上去压实。青贮堆压实后，用塑料布盖好，周边用沙土压严，塑料布顶上用废旧轮胎或沙土压严，以防塑料布被风掀开。这种青贮方法节省了建窖的投资，贮存地点十分灵活，已被国内不少地方采用。

另有一种堆贮形式(图8-2)。堆贮时选择地势较高而平坦的地块，先铺一层破旧的塑料薄膜，再将一块完整的稍大于底面积的塑料薄膜铺好，然后将青贮原料堆放其上，逐层压实，堆顶和四周用一块完整的塑料薄膜盖严，四周与堆底的塑料薄膜重叠封闭好，然后用真空泵抽出空气，使其内部呈厌氧状态。塑料薄膜外面可用草帘等物覆盖保护。利用此法不仅能调制一般青贮饲料，而且可以通过抽气的方式调制低水分青贮饲料(半干青贮料)。

3. 青贮袋　用塑料袋青贮的方法简便易行，便于推广，并有利于青贮饲料的商品化。袋的制作材料应选用无毒的农用聚乙烯双幅塑料薄膜，颜色通常为黑色或两色(外白内黑)，厚度0.8～1毫米。袋的大小根据需要而定。一般一千克塑料薄膜制袋3～4个。

小型袋宽一般为50厘米，长80～120厘米，每袋装料40～50千克。

大型袋(圆筒形塑料袋)直径 2～3 米,长 30 余米,用于水平青贮,故也称为水平青贮袋装置。1 个直径 3 米、长 31 米的塑料袋,约可装 60 吨青贮饲料,这样大的量,需采用袋式灌装机灌装,其灌装速度可高达每小时 60～90 吨。使用袋贮方式进行青贮时,青贮料的水分要求为 60%,采用塑料薄膜的厚度应在 0.2 毫米以上,不能使用再生塑料。在贮藏过程中要特别注意防止鼠害以及人畜践踏损坏塑料袋。

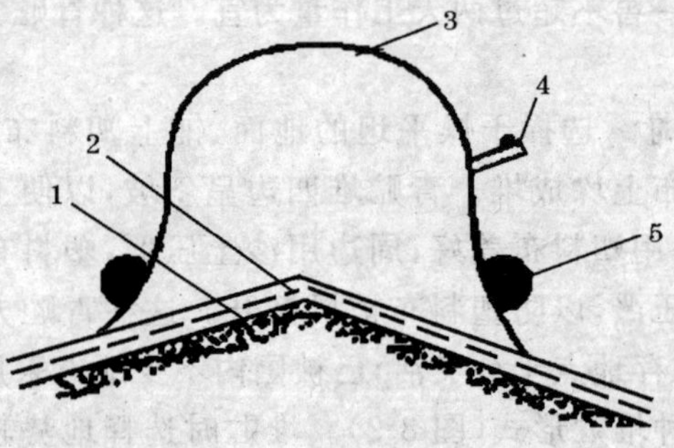

图 8-2　密封式塑料堆贮

旧塑料膜　2. 底膜　3. 整块覆盖膜　4. 抽气嘴及阀门　5. 密封夹

4. 青贮壕　它是水平壕沟式结构,建筑快、成本低,适用于国营农牧场短期大量贮藏青饲料。大型青贮壕长 30～60 米,宽 10 米,高 5 米左右。我国北方地区青贮壕长 20～40 米,上口宽5.5～6 米,下口宽 4.5～5.5 米,便于采用拖拉机压实。深 5～7 米,地上至少 2～2.5 米。青贮壕的两侧要有斜坡,底部为混凝土结构,混凝土厚 12～20 厘米,能承受机具的压力。混凝土地面从中央向两侧壁应有 1/100 的斜坡,以便纵向排液。墙与底部结合处修一排泄青贮料渗入液的沟,墙可采用砖石结构或混凝土结构,也可用塑料薄膜代替,但最好是混凝土结构,可以减少青贮料的损失。

青贮壕的青贮质量与青贮的压实程度有很大关系。为了压实，农场青贮时，常用人工或牲畜拉石碾压实，也有用筑路机械中的捣实机压实的。用大型青贮壕青贮时，通常是用链轨式拖拉机加装一套压实器来压实青贮料，压实后青贮料的紧密度可达到0.7～0.8 吨/米^3。

青贮壕的装料和卸料都是繁重的作业，应尽可能实行机械化与自动化，后面再作介绍。

5. 青贮塔　它是圆桶形的建筑物，耐压性好，便于压实塔内贮料。青贮塔的造价较高，但具有耐用、贮量大、损耗少，装料和取料机械化自动化程度高的优点。青贮塔有地上式和半地上式两种。从建筑材料又可分为镀锌钢板、水泥砖壁、整体混凝土、硬质塑料等各种青贮塔。按贮量又可分 100 米^3 以下的小型青贮塔和 400～600 米^3 的大型青贮塔。塔内设置有可根据饲料层高度升降的装卸机，可完成装料、卸料及压实作业（见青贮机械部分）。

6. 草捆青贮　草捆青贮是一种新兴的青贮技术，主要用于牧草的青贮。其原理和技术要点与一般青贮相似，这里不再阐述。

（二）青贮设施的大小及容量的确定

窖式或塔式青贮设施，其直径应按每天饲喂青贮饲料的数量计算确定，其深度或高度由饲喂青贮饲料时间的长短来定，而一般高度（或深度）不小于直径的 2 倍（也不要大于直径的 3.5 倍）。青贮壕的适宜宽度，取决于每日饲喂的青贮量，长度由饲喂青贮料的天数来决定，以每日取料的挖进量不少于 15 厘米为宜。

在估计青贮料的重量时，首先要计算出青贮设施的容积，再乘以每米^3 青贮料的平均重量（即容重）。

青贮设施容积的计算公式为：

圆形窖（塔）的容积＝3.1416×半径×半径×高

长形窖容积＝长×宽（上、下宽的平均值）×高

各种青贮原料青贮后每立方米的重量见表 8-4。

表 8-4　青贮料的容重　（单位：千克/米^3）

青贮原料	拖拉机压紧的青贮壕	青贮塔 深度 3.5～6.0 米	青贮塔 深度 6.0 米以上	青贮窖
全株玉米(带穗)	750	700	750	650
玉米秸	—	—	—	500
向日葵盘	750	700	750	600
饲用甘蓝	775	750	775	675
根菜类	750	700	750	650
玉米或秣食豆	775	750	775	675
三叶草与禾本科(铡碎)	650	575	650	525
牧草或天然草地牧草(不铡碎)	575	550	575	475
禾本科牧草(铡碎)	575	550	575	450
粗径野菜(不铡碎)	500	425	500	375
甘薯藤、胡豆苗	475	450	475	400
蔬菜叶脚	—	—	—	700
甘薯、块茎类	—	—	—	750～800

(三)对青贮设施的要求

1. 不透气　这是调制优质饲料的首要条件，不论用何种材料建造的青贮设施，都必须做到这点。可以用石灰水泥等防水材料填充和抹实青贮窖(壕、塔)壁的缝隙，如能在壁内裱衬一层塑料薄膜更好。

2. 不透水　青贮设施不得靠近水塘、粪池，以免水和污水渗入。地下或半地下式青贮设施的底面必须高出常年地下水位 0.5

米，并且要在青贮设施周围挖好排水沟，以免地面雨水流入。

3. 墙壁的结构及深度 青贮设施的墙壁平滑垂直或向上有微倾，墙角要圆滑，这样有利于青贮料的下沉和压实。青贮设施的宽度或直径一般小于深度，宽（直径）与深之比以 1∶1.2 或 1∶2 为宜，以利于青贮料借助本身重力而压得紧实。

4. 要防冻 地上式的青贮塔，在冬天要采取塔身外的防冻措施，以防塔内青贮料结冰。

四、青贮机械设备

根据作业方式的不同，采用的青贮机械设备也不同。分段收获青贮时，需使用的机械设备包括收割机（割草机）、捡拾装载机、运输车、青饲料切碎机（铡草机）、压实机械、青贮塔装卸机械和青贮料取饲机械等。采用联合收获法调制青贮料时，则采用青饲料联合收获机、拖车，压实、装卸和取饲等机械。青饲料联合收获机可完成切割、切碎和装载作业，生产率高，作业质量好。

以上用于青贮的机械化、自动化设备多用于大型农牧场，在农村多用分段作业，有的作业还要用人工完成。农村常用的青贮机械设备除收割机（与谷物收割机兼用）和运输设备（拖车、马车等）以及前面介绍的压实器具外，主要青贮机械设备还有切碎机（铡草机）、装卸机械和取饲机械。现分别介绍如下。

（一）青饲切碎机

饲料切碎机按机型大小可分为小型、中型和大型三种。小型饲草切碎机常称铡草机，在农村应用很广，主要用来铡切谷草、稻草和麦秆，也用来铡切青饲料和干草。大型饲草切碎机常用于养牛场，主要用来铡切青贮料，故常被称为青贮料切碎机。中型饲草切碎机一般可以铡草和切碎青贮料两用。

饲草切碎机按切割部分型式可分为滚刀式和轮刀式两种。大中型饲草切碎机，为了便于抛送青贮料一般都为轮刀式，而小型铡草机则两种型式都有，但以滚刀式为多。现就这两种型式作以介绍。

1. 滚刀式铡草机 国产滚刀式铡草机机型较多，现以 ZC-0.95 型铡草机为例。它可用来铡切谷草稻草、豆秸、玉米秸等粗饲料。该机由上下喂入辊、切碎器、风扇、传动机构和机架组成（图 8-3）。

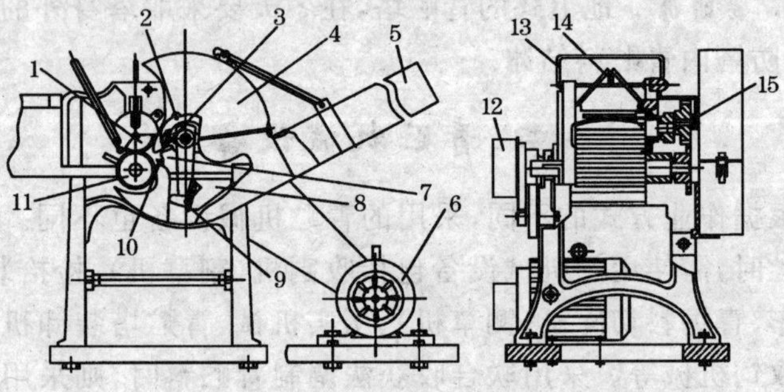

图 8-3 ZC-0.95 型铡草机

1. 上喂入辊 2. 刀片顶丝 3. 刀片固定螺栓 4. 风扇外壳 5. 抛送筒 6. 电动机 7. 刀片 8. 接草斗 9. 风扇叶片 10. 定刀片 11. 下喂入辊 12. 皮带轮 13. 离合器手柄 14. 喂入辊弹簧 15. 联轴节

上下喂入辊皆为沟槽式，喂入辊压紧机构为弹簧式，上喂入辊的传动采用十字沟槽联轴节。

ZC—0.95 型铡草机采用直刃刀片滚刀式切碎器，切碎器由切碎滚筒和刀片组成。刀片由优质碳素钢制成，刃部硬度 HRC 47°～56°，定刀片安装在机架上，一般由冷硬合金铸铁制成。动刀片和定刀片的间隙为 0.2～0.4 毫米，可用刀片顶丝来调节。

风扇叶片支架固定在主轴的一端，支架上安有两个风扇叶片，风扇外壳为圆筒形，外壳里侧有接料斗，工作时碎草段由此进入风扇后被抛送出去，抛送距离可达 7～8 米。

电动机通过传动机构（皮带轮和齿轮）驱动喂入辊、切碎器和风扇进行作业。

工作时饲草由草槽被送入喂入辊，被喂入辊压紧卷入，由旋转的动刀片配合定刀片切断，碎段被抛至青贮壕(窖)或贮草棚内。

表 8-5 列出了几种滚刀式饲草切碎机的技术规格。

表 8-5　滚刀式饲草切碎机技术规格

型　号	切碎器类型	主轴转速(转/分钟)	滚筒直径(毫米)	动刀片数	切碎段长度(毫米)
ZCT-0.5	螺旋滚刀	200	172	3	10～20
ZC-0.95	直刃斜装滚刀	900	—	2	16
ZC—1.0	直刃斜装滚刀	775	305	2	13,26

型　号	配套动力(千瓦)	机重(千克)	生产率(千克/时)	外形尺寸(毫米)
ZCT-0.5	2.8	168	稻草 500 谷物 500	1985×700×1050
ZC-0.95	2.8～3.0	—	950	—
ZC-1.0	3.0	190	稻草 750 谷物 1000	1750×600×1100

2. 轮刀式饲草切碎机　这一种类型号繁多，它主要用来切碎青贮玉米，也能切碎干草、秸秆、薯蔓、白菜、红薯藤等饲料。现以 ZC-6.0 型青饲料切碎机为例加以介绍，它由喂入、切碎、抛送和传动部分组成。图 8-4a 为 ZC-6.0 型饲草切碎机外形，图 8-4b 是其工作示意图。

喂入部分由链板式输送器和上下喂入辊组成。上喂入辊直径较大，为沟槽形；下喂入辊直径较小，为棘齿形。喂入辊压紧机构为弹簧式。

切碎器的刀片由 T9 号碳素结构钢或 65 锰钢制造，刃口淬火后回火，淬火带宽 30 毫米，淬火带硬度 HRC62-65，非淬火区硬度 HRC 38。

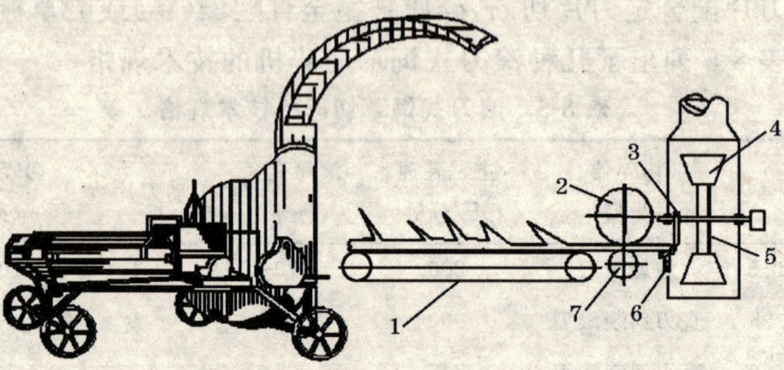

图 8-4　ZC-6.0 型饲草切碎机

a. 外形　b. 工作示意图

1. 链板式输送器　2. 上喂入辊　3. 动刀片　4. 抛送叶板

5. 刀盘　6. 定刀片　7. 下喂入辊

动力机通过皮带轮带动主轴和刀盘，主轴通过一对正齿轮和一对圆锥齿轮带动中间轴，中间轴又通过一对可换齿轮带动下喂入辊轴。而下喂入辊轴通过一对齿轮带动上喂入辊，与此同时又通过一对链轮带动链板输送器。传动箱中的牙嵌式离合器可利用手杆拨动，使喂入辊和输送器正转、停止或倒转。可换齿轮有三对，可获得六种不同切碎段长度。

工作时，刀盘回转，与此同时，链式输送器将输送槽上的饲草不断喂入两喂入辊间，由喂入辊夹紧后向刀口送进。回转的动刀片在定刀片的配合下将饲草切成段。碎段落入蜗壳形的切碎机外壳中，被抛送叶板向抛送管抛出。轮刀式切碎机的优点是可在圆盘上方便地安装抛送装置，并将碎段送到 12～16 米的高度抛出。

表 8-6 列出了两种轮刀式饲料切碎的技术规格。

表 8-6　轮刀式切碎机规格

型　号	切碎器类型	主轴转速（转/分）	圆盘直径（毫米）	动刀片数	切碎长度（毫米）
ZP-1	凹曲线轮刀	750	578	2	8～90
ZC-6	凸曲线轮刀	450	1256	2	6～104

型　号	配套动力（千瓦）	机　重（千克）	生产率（千克/时）	外形尺寸（毫米）
ZP-1	4.5	100	青玉米 600	1050×1886×2295
ZC-6	14	750	青玉米 6000 秸秆 1500	2835×1770×2000

(二)装贮和卸出设备

装贮和卸出设备包括装料、平整压实和取出等设备。以下分为水平青贮(青贮壕、青贮堆等)和垂直青贮(青贮塔)分别介绍。

1. 水平青贮的装贮卸出设备　水平青贮由于造价低,物料装卸方便,是我国目前主要的青贮方法。

(1)装料设备　青贮料采用分段收获时,青贮料是由设置于青贮壕旁边的青贮料切碎机或带风送铡草机在切碎的同时进行装料。此法须辅以较多的人力,完成饲草喂入,在壕内均布饲料碎段,转移青贮切碎机等辅助劳动。青饲料采用联合收获机收获时,青饲料在被收割切碎的同时就被装入后面的自卸拖车内,拖车装满后被牵引到壕旁,自卸入壕内,这样所需的辅助劳动较少。

(2)取出设备　从青贮窖(壕)内取出青贮料是一项很繁重的作业,有人力挖取和机械挖取两种方法。人力挖取的青贮饲料可用手推车、倾斜输送带或链板式输送机送出,我国采用较多。机械挖取常用悬挂在拖拉机上的青贮料切削装载机(图 8-5)进行。它由切削滚筒、带搅龙的装料斗、风扇等组成。切削滚筒装在由液压机构控制的升降悬臂上。

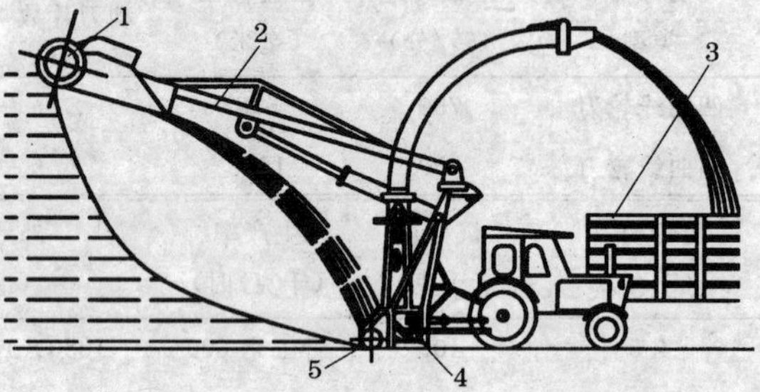

图 8-5 青贮料切削装载机工作示意图

1. 切削滚筒 2. 升降悬臂 3. 喂料拖车 4. 风扇 5. 装料斗

卸料时，司机升起悬臂，将拖拉机驶进青贮堆处，放下悬臂并结合动力输出轴，使切削滚筒转动，滚筒切下一层厚为 100～150 毫米的青贮料，使其落入下方的装料斗内，最后被风扇直接吹入喂料拖车内。在每切下一层饲料后，就升起悬臂，并将拖拉机驶近青贮堆一点，再重复上述作业过程。

图 8-6 为拖车配合挖掘机在地面青贮壕取料的工作情况。

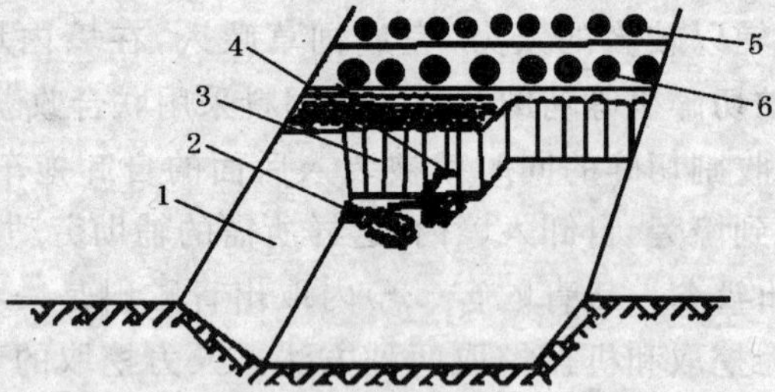

图 8-6 拖车配合挖掘机在青贮壕取料

1. 壕墙 2. 拖车 3. 青贮料 4. 挖掘铲 5. 压实废轮胎 6. 覆盖塑料膜

2. 青贮塔(垂直青贮)的装贮和卸出设备

(1)装贮设备　青贮塔装卸机械包括青贮料风送机和卸料机两部分。青饲料风送机由装料斗和抛送器组成。作业时,已切碎的青饲料碎段,可直接由青饲料输送车上的输送器送入装料斗,饲料碎段由装料斗内的搅龙送入抛送器,抛送器利用抛送和风送作用,将碎段沿垂直管送入青贮塔顶部落下。抛送器是一台有5～6片叶板的风机,直径1.37～1.5米,圆周速度38～42米/秒,抛送高度可达25米。

塔内须安有分配器,以便在向塔内装青贮料时将料段水平均匀地一层一层地分布在塔内。分配器有用电机驱动分配板,也有的采用周转的螺旋输送器等型式。分配器往往和青贮塔卸料机装在一起,同时作为卸料机的挖取部分。

(2)卸料装置　青贮卸料机包括挖取和输料两部分,按挖取部位分,可将卸料机分为顶层挖取式(见图8-7a)和底层挖取式(图8-7b)两种。

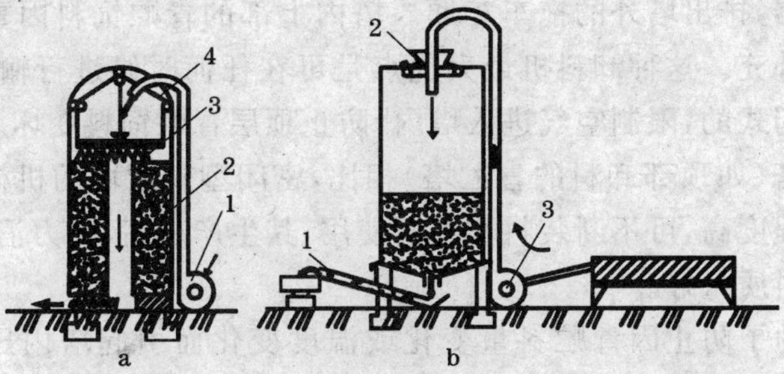

图 8-7　青贮塔卸料机

a. 顶层挖取式青贮塔

1. 装料风机　2. 输料管　3. 带分配器卸料搅龙　4. 悬吊钢索

b. 密闭型青贮塔

1. 卸料机具　2. 呼吸器　3. 装料机具

顶层挖取卸料机(图 8-7a)的挖取部分是一个带齿的螺旋输送器。螺旋输送器的机架由钢索通过滑轮悬吊在青贮塔的顶部,用电机绞盘自动升降。螺旋输送器除自身转动外,还连同回转架绕垂直中心线做水平公转。该螺旋同时也是青贮塔装料时的分配器,当装料机将青饲碎段输入塔顶中部时,由螺旋输送器向外输送做径向分布,同时由螺旋输送器的公转而均布全平面。机架上有一根下端部接触青贮料层面的铰连触杆,青贮料面上升时,顶动铰连触杆而起动绞盘电机,将机架升起相应距离。机架下方还设有一根短杆,随机具不断上升,在塔内青贮饲料中央形成一个中空的垂直通道。需要卸料饲喂家畜时,带齿的螺旋输送器反转,挖取青贮料,并将其输送到中央孔道落下,进入塔底下方的链板式或螺旋式输送器,输出塔外,进入自动喂料机或喂料车。

密闭型底层挖取卸料机(见图 8-7b)是一种较新的机型。其挖取部分是一根带齿的螺旋或为链板式输送器,它在回转的同时做公转,挖取底层的青贮料,并将其排至中央孔,下落至倾斜刮板输送器,排出塔外的拖车车厢。塔内上部的青贮饲料因重力下移不断补充。这种卸料机最大优点是可在任何时候进行输料,而且是密闭式的,限制空气进入塔内,防止顶层青贮饲料变坏。同非密闭型塔(如顶部卸料的青贮塔)相比,密闭型青贮塔的机械化和自动化程度高,可不断装料和不断使用,其生产率高、动力消耗小,青贮饲料质量好。

为了防止因青贮料量变化或温度变化而引起塔内压力的改变,塔顶部装有一环状塑料呼吸器,呼吸器与外界大气相通。当塔内压力增大,呼吸器收缩;塔内压力降低,呼吸器膨胀,使塔内得以保持较稳定的压力。

青贮塔适用于规模为 200～700 头的中型奶牛场。规模过大或过小的牛场宜用青贮窖(壕)。此外,青贮塔的建筑设施和装卸机械需很大投资,仅用于机械化和自动化要求高的农牧场。

五、青贮饲料的制作

（一）青贮原料的准备

青贮原料来源甚广，但情况差异很大。有的原料比较分散，如菜叶、甘薯藤、野草野菜等，主要靠采集，这些青贮原料采集旺季往往正是农忙季节。另一种原料是青贮饲料基地（如大型奶牛场，每头奶牛拥有 1.5～2 公顷专用饲料地）种植的优质青贮原料，集中量大。不论哪种青饲料，适宜的收割期都较短，必须统筹安排人力、收割机具和运输工具，提前做好准备，集中力量采集、收割青贮原料，突击进行青贮，做到农忙（抢收、抢种）、青贮两不误。

（二）适时收割

适时收割的原料，不但水分和碳水化合物含量适当，而且可从单位面积上获得最高的干物质产量和最高的营养利用率，从而增加牲畜的采食量，提高家畜生产性能。各种青贮原料的适宜收割期见表 8-7。

表 8-7　牧草及饲料作物的适宜收割期

青贮原料种类	收割时的生长阶段	收割时含水率（%）
带穗玉米（全株）	蜡熟期至黄熟期，如遇霜害也可提前至乳熟期	65～70（蜡熟期）
收果穗后的玉米秸	玉米果穗成熟，有一半以上为绿色，立即收割玉米秸青贮或玉米成熟时（削尖青贮，削尖时果穗上应保留一片叶）	50～60（摘穗后秸秆）
整株高粱	蜡熟初期至中期	70
高粱秸秆	收穗后至降霜之前	60～70
燕　麦	孕穗至抽穗初期、乳熟期、蜡熟前期	分别为 82、78、70
大　麦	孕穗后期至蜡熟初期	82～70
黑　麦	孕穗后期至蜡熟期	80～75

续表 8-7

青贮原料种类	收割时的生长阶段	收割时含水率(%)
谷类作物	孕穗至抽穗初期	—
禾本科混合牧草	孕穗至抽穗初期	—
豆科禾本科混合牧草	按禾本科选择	—
紫花苜蓿	晚蕾至 1/10 开花	70～80
红三叶	晚蕾至初花	75～82
无芒雀麦	孕穗至抽穗	75
苏丹草	约 90 厘米高	80
鸭茅、猫尾草	孕穗至抽穗	—
狗牙根	38 至 46 厘米高	—
甘薯藤	霜前或收薯前 1 至 2 日	—
水生饲料	霜前捞取,凋萎 2 日,以减少含水量	—

(三)调节含水量

青贮原料的含水量是决定青贮成败最重要的因素之一。一般青贮料的适宜含水量为 50%～70%,以 65%为最佳。刈割时原料水分含量较高,一般达 75%～85%,为了达到适宜水分含量可采取加入干草、秸秆、谷物或稍加晾晒以降低水分含量等措施。一些谷物秸秆含水量过低则可采取加水(含水量在 50%以下,可 100 千克秸秆加水 15 升);或与嫩绿新割的原料混合填装青贮的方式,以调节水分含量。

如何掌握青贮原料的含水量,方法有二:一是烘干测定法,在烘箱中以 105℃的温度将原料烘干约 1 小时,测定水分含量。二是经验法(在实践中多用此法),将切碎的原料(不超过 1 厘米)在手里握紧成团 20～30 秒钟后将手松开,若草团不散开,且有较多的汁液渗出,其含水量大于 75%;若草团不散开,但渗出汁液很少，其含水量在70%～75%；若草团慢慢散开，无汁液渗出，其含水量在60%～70%；若草团很快散开，其含水量小于60%。

(四)切　碎

青贮原料必须切碎，因为切碎后除了便于压实外，还由于汁液渗出润湿其表面，可加速乳酸菌的繁殖，提高青贮品质。以不同切碎长度(0.5、1、3、5厘米)的抽穗前期禾本科牧草为例，切得越短，青贮料的品质越好(0.5厘米效果最好)。国外要求切碎长度为0.7～0.8厘米，最好不要超过1厘米，我国青贮一般切得太长，常常超过1厘米。

(五)装填、摊平和压实

青贮原料应随切碎随装填，不要在窖(壕)外放置过久，以防发热霉烂。装填时最重要的是要层层摊平压实。尤其要注意窖(壕)的周边和四角，长形壕在拖拉机漏压和压不到的地方，一定要由人踩实和补压。压实是为了排出空气，为青贮创造厌氧乳酸菌发酵条件，也就是为获得优良青贮料创造条件。

(六)密封及收尾工作

青贮原料装填压实后，应立即封埋。若拖延封窖(壕)，就会导致pH值升高、乳酸含量降低，青贮料品质低劣，干物质损失量增加。而且随着拖延时间的延长，青贮料变质加剧(表8-8)。

表8-8　贮藏在15℃和30℃下拖延封窖72小时与及时封窖青贮料的品质对比

贮藏温度	封窖时间	pH值	乳酸占鲜重的%	青贮质量评分	干物质损失(%)
15℃	立即封窖拖延	4.0	1.98	100	6.1
	72小时封窖	4.7	1.19	45	10.2
30℃	立即封窖拖延	4.0	2.47	100	8.9
	72小时封窖	5.0	0.49	15	30.8

从上表可知，不及时封窖，对青贮料的品质危害很大。所以，

应根据窖(壕)的大小、劳动力和机械装备等具体情况,尽可能做到边装填、边压实,及时封闭。

一般将原料装至高出窖(壕)面 1 米左右,再用塑料薄膜盖严后,用土覆盖 30～50 厘米厚,或压以重物,如旧轮胎、石板等物件,做到不透气、不漏水。窖(壕)应呈馒头形或屋脊形,以利于排水。

青贮窖(壕)封好后,在窖(壕)四周外约 1 米处挖排水沟,以防雨水渗入。我国南方的多雨地区应在青贮窖(壕)上面搭棚防雨,最好在青贮窖(壕、堆)周围设置围栏,以防牲畜等破坏覆盖物。

(七)半干青贮料青贮特点

半干青贮,也称为低水分青贮。近些年来,很多地区广泛采用半干青贮,将难以青贮的一些蛋白质含量高、糖量低的豆科牧草和饲料作物进行半干青贮。其基本原理是形成对微生物的生理干燥和厌氧环境,即把收割下来的青贮原料晾晒至含水量为 50%左右时进行青贮。由于原料水分含量低,细胞的渗透压力高(达55.7～60.8 兆帕),接近生理干燥状态,微生物活动被抑制,发酵过程缓慢,因此糖分、乳酸的多少及最终 pH 值的高低对这种青贮方法已无关紧要。

半干青贮法与上述的一般青贮法的主要区别是青贮原料在刈割后不用马上切碎,而是在田间晾晒至半干状态。晴朗的天气一般晾晒 24～55 小时,即可达到 45%～55%的含水量。有经验者可凭感官估测,准确方法还是采用烘干称重法测定,并用下面公式计算出晾晒后草样的含水量 X:

$$X=\left[1-\frac{b(1-a)}{c}\right]\times 100\%$$

式中,a——田间新割下一定量的鲜草样的含水量(烘干测定);

b——田间新割下一定量的鲜草样重(称取);

c——风干后草样重。

例如,在田间割下新苜蓿并称出 3 千克,当时含水量为 85%,

经过一天摊晒后再称重为0.9千克，则此时草样含水量X为：

$$X=\frac{3\times(1-0.85)}{0.9}\times100\%=50\%$$

当青贮原料达到要求的含水量时即可青贮。其青贮方法、步骤与一般青贮相同。但要指出，由于半干青贮原料含水量低，所以原料要求铡切得更细碎、压得更紧实、封埋得更严、更及时。一定要做到连续作业，保证高度密封的厌氧条件，才能获得成功。用密闭型青贮塔或青贮窖来青贮半干青贮料，有利于防止青贮的腐败，获得高品质青贮饲料。

按上述要求去执行，半干青贮有以下几方面优点：

①扩大了青贮原料的范围。一些被认为难以青贮的豆科植物，均可被制成优质的半干青贮饲料。

②与制作干草相比，半干青贮的优点是叶片损失少（指豆科），不易受雨淋影响。一般在收割期多雨的地区推广半干青贮，收割期气候干燥的地区，仍以调制干草比较经济。

③与一般青贮相比，半干青贮由于水分含量低，发酵过程缓慢微弱，可抑制原料的腐烂，味道芳香、酸味不浓，丁酸含量少，适口性好，采食量大。其缺点是用造价高的密封青贮窖（塔）青贮半干青饲料的成本较高。若密封性差，则比一般青贮损失更严重。

六、青贮饲料添加剂

为了保证和提高青贮饲料的质量，在青贮料调制过程中，需要加入青贮饲料添加剂。常用的青贮料添加剂有微生物、酸类、营养性物质和防腐剂等。

（一）微生物添加剂

前面已提过，青贮能否成功，很大程度上取决于乳酸菌能否迅速大量的繁殖。添加乳酸菌菌种及其生长繁殖所需要的营养物质（糖蜜、淀粉和淀粉酶），可加快发酵过程，迅速产生大量的乳酸。

生产实践证明，用胚芽杆菌、糖蜜和玉米粉等配合起来加入青贮饲料，效果十分显著。

(二)营养性添加剂

虽然青贮饲料是一种优良饲料，但其所含某些营养成分仍然不能满足家畜的营养需要，需要加入营养添加剂以补充青贮饲料某些营养成分的不足，同时又能改善发酵过程。常用营养性添加剂有以下几种：

1. 碳水化合物 常用的是糖蜜及谷类。它们既是一种营养成分，又能改善发酵过程。糖蜜是制糖工业的副产品，其含糖量为50%左右。在含糖量少的原料中添加糖蜜，可调制出优质的青贮饲料，饲料中可溶性糖含量的增加，有利于乳酸的发酵，减少了干物质的损失，并且适口性好，可提高家畜的采食量和消化率。糖蜜添加量：禾本科青贮为4%，豆科青贮为6%。谷物含有50%～55%的淀粉及2%～3%的可发酵糖，淀粉只有在淀粉酶作用下水解为糖才能被乳酸菌利用。例如，大麦粉在青贮过程中能产生相当于自身重量30%的乳酸，每吨青贮料可加入50千克大麦粉。

2. 尿素及其他非蛋白氮 一般在蛋白质含量低的青贮原料中添加尿素(或其他非蛋白氮)，如禾本科和薯类，可提高其粗蛋白质含量，改善青贮料的品质。为了安全，最好将尿素(或其他非蛋白氮)与糖蜜、谷类及无机盐饲料混合使用，可以起到提供能量和缓解尿素分解(往往尿素分解速度过快与能量供应速度慢不相适应，易引起中毒)的双重作用。尿素的加入量为青贮饲料重量的0.5%，则饲料中粗蛋白质含量相应增加(按干物质中的含量计算)4%；玉米青贮添加0.5%尿素后，粗蛋白质含量可由原来的8.9%增加到12.9%，大体能满足育成牛的蛋白质需要。非蛋白氮添加剂的种类和用量见表8-9。

表 8-9　非蛋白氮添加剂种类和用量

种　类	形　式	氮(%)	用　量（每吨青贮原料用添加剂千克数）
尿　素	干	45.0	4.5
磷酸一铵	干	11.0	9.0
预混氨水	液体	23～30	11.3
商品氨水	液体	13.6	27.2
商品尿素一糖蜜	液体	6.0	36.3

上述添加剂可在装填青贮料时按比例均匀加入，也可分层撒入，但一定要混合均匀，混合不均匀就易使家畜食用因含非蛋白氮过量的青贮饲料而中毒。

3. 矿物质类　青贮饲料加入石灰石，既可补充钙，又可降低青贮饲料的酸度。每吨青贮料加入的添加剂量：碳酸钙 4.5～5 千克，硫酸铜 2.5 克，硫酸锰 5 克，硫酸 2 克，氯化钴 1 克，碘化钾 0.1 克。

(三)酸类添加剂

加酸有利于青贮料的贮藏，是一种简单而有效的措施。但是，加酸提高了饲料渗液的可能性，应当采取相应的补救措施。例如减少青贮料的含水率，以防止渗液；添加一些碳酸钙和小苏打以缓和酸性。此外，酸还具有腐蚀性。酸类添加剂包括无机酸(如硫酸和盐酸)和有机酸(如甲酸、丙酸等)，有机酸比无机酸效果要好些，但价格比较贵。下面对几种酸的性质、效果和添加量加以介绍。

1. 甲酸　无水甲酸为无色有刺激性的液体，酸性较强。添加甲酸可以有效地防止蛋白质水解，并使丁酸的含量减少而增加乳酸的含量，从而提高家畜的采食量和干物质的消化率(表 8-10)。一般甲酸的添加量为 0.3%～0.5%。

表 8-10 添加与不添加甲酸的青贮饲料品质比较

青贮原料	处理	pH 值	乳酸占总酸量(%)	氨态氮占含氮总量(%)	干物质回收率(%)	奶牛自由采食量(千克/日·头)
头茬苜蓿	不加甲酸	8.1	52	17.6	79	59.1
(开花期)	添加甲酸	3.9	76	5.2	82	69.1

2. 硫酸与盐酸 添加硫酸或盐酸的稀释液后,会使青贮料迅速下沉,有利于压实,并可抑制杂菌,增加乳酸含量,降低 pH 值,并且硫酸或盐酸与青贮料中的盐类作用,可游离出很多苹果酸、柠檬酸等有机酸而增加其适口性。但有报道称,添加硫酸或盐酸会影响动物体内的矿物质代谢,产生钙的负平衡,饲喂这种饲料时应注意补钙。

3. 磷酸 添加磷酸可以很快使青贮料的 pH 值下降,减少青贮过程中一些好气和厌氧发酵的损失,并且由于含磷量的增加,改善了青贮料的品质。但磷酸价格昂贵,应用受到限制。

(四)防腐剂

防腐剂不能改善发酵过程,但对防止青贮饲料变质确有效果。常用的防腐剂有亚硝酸钠、硝酸钠、甲酸钠以及甲醛。有些防腐剂有一定毒性(如亚硝酸钠),要考虑其利弊。据报道,有些植物组织(如松针叶)含有植物杀菌素,有较好的防腐效果,又无毒性。这类防腐剂可因地制宜地开发利用。此外,甲醛不仅有较好的防腐作用,还可保护饲料蛋白质在反刍动物瘤胃内免受降解,增加家畜对蛋白质的吸收率,被认为是一种有价值的添加剂。甲醛的一般用量为 0.3%~1.5%。

七、青贮饲料的质量评定

评定青贮饲料质量的主要方法有两种:一是现场评定,二是实验室评定。

(一)现场评定

现场评定是在青贮设施现场，用感观考察青贮饲料的气味、颜色和质地等来评判其品质的优劣。这种方法直接、快速，在生产实践中很常用，但准确性和定量性差。

1. 色泽　青贮窖(壕、堆)内青贮料的温度是影响颜色的主要因素。温度越低，青贮饲料就越接近于原先的颜色。禾本科的牧草，当温度高于 30℃，颜色变成深黄；当温度为 45℃～60℃，颜色近于棕色；超过 60℃，由于糖分焦化近乎黑色。总之，优质青贮料非常接近青贮料原先的颜色，呈青绿色或黄绿色；中等青贮料呈黄褐色或暗棕色；品质差的青贮料为暗色、褐色、黑色或黑绿色。

2. 气味　品质优良的青贮料通常具有轻微的酸味和水果香味，这是乳酸的味道。若有陈腐的脂肪臭味或令人作呕的气味，说明产生了丁酸，这是青贮失败的标志。霉味则说明青贮料压得不实，空气进入青贮设施内，引起饲料霉变。若出现类似猪粪尿的气味，则说明蛋白质已大量分解。

3. 结构　优质的青贮饲料质地紧密、湿润，保持了原来的形状，植物的茎叶和籽粒都得以清晰辨认；相反的，结构破坏，质地松散，并呈黏滑状态，是青贮饲料严重腐败的标志。

4. 尝味道　优质青贮料，味微甘甜，有酸味。有异味者为品质低劣的青贮料。

中国农业科学院畜牧研究所提出的普及型青贮料鉴定标准供读者参考(表 8-11)。

表 8-11　青贮饲料感观鉴定标准

质量等级	色	味	嗅	质地
上　等	黄绿色、绿色	酸味较浓	芳香味	柔软稍湿润
中　等	黄褐色、黑绿色	酸味中等或较少	芳香、稍有酒精味或丁酸味	柔软稍干或水分稍多

续表 8-11

质量等级	色	味	嗅	质地
下等	黑色、褐色	酸味很少	臭味	干燥松散或黏结成块

(二)实验室评定

它主要是以化学分析为主,包括测 pH 值和有机酸(乙酸、丙酸、丁酸、乳酸)的总量和构成,以判定发酵情况。再测游离氨(最好测定氨态氮与总氮的比值),以评估蛋白质破坏的程度。

采用化学分析法时取样必须要有代表性。应遵循在青贮设施(窖、壕、塔、堆)的对角线和上、中、下三层设点取样的原则。取样点距青贮容器边缘不少于 30 厘米,以避免外部环境影响评定结果。还可以将样品事先置于纱布网袋中,再放入青贮容器中的预定位置,青贮发酵完成后,再将样品取出分析。取出的青贮样品应立即放入塑料袋或玻璃瓶中密封好,以减少二次发酵的可能性。样品取出后应尽快测定 pH 值和氨态氮,其余营养成分按饲料常规分析方法进行,并做感官评定记录。

1. pH 值 研究表明,pH 值与发酵优劣以及干物质损失程度之间的着密切的关系。一般 pH 值与青贮质量之间的关系如表 8-12。

表 8-12 pH 值与青贮质量的关系

pH 值	3.5～4.1	4.2～4.5	4.6～5.0	5.1～5.6	＞5.6
青贮质量	优	良	可用	差	极差

2. 有机酸含量 有机酸总量及其构成可以反映青贮发酵过程的优劣,其中最多的是乙酸、丁酸和乳酸。乳酸所占比例越大越好,丁酸越少越好。例如,以乳酸占 68%～70%为满分(25 分);乙

酸占0%～20%为满分(25)分；丁酸占0%～0.1%为满分(50分)，48%～50%为0分。可按乳酸、乙酸、丁酸所占比例分别评分，再将三项评分加起来，按表8-13中的标准评定青贮质量。

表8-13　用有机酸评定青贮质量标准

总　分	0～20	21～40	41～60	61～80	81～100
青贮质量	失败	差	合格	良	优

3. 氨态氮与总氮的比例(%)　氨态氮与总氮的比例反映了青贮饲料中蛋白质和氨基酸分解的程度。比值越大，说明氨基酸和蛋白质分解越多，青贮质量越差(表8-14)。

表8-14　用氨态氮与总氮的比值评定青贮质量标准

比　值(%)	0～5	5～10	10～15	15～20	20～30	＞30
青贮质量	优	良	可用	差	坏	极坏

以上只是粗略介绍了评定青贮饲料质量的主要方法。各种青贮饲料的评定，请参照农业部畜牧兽医司饲料处组织有关专家制定的，适合我国国情的，评判青贮饲料质量的评定标准。

八、取料与贮藏

上述诸多工作，都是为了获得优良青贮饲料。后面的工作就是如何贮藏和保护好青贮饲料，达到不变质，直至饲喂完毕。青贮饲料在封窖40～60天后即可开窖取料饲喂，再封窖贮藏，再开窖取料饲喂，周而复始，直至青贮饲料用完为止。这是一个很长的过程，有时达1～2年。在此过程中如何保持青贮饲料品质不变坏将至关重要。要做到取饲至饲喂完之间的安全贮藏要注意以下几点。

(一)开　窖

在气温较低而又缺草的季节开窖较为适宜。若饲料贮备充足,可等到缺料时开窖取用,做到以丰补歉。所以,不一定是青贮饲料发酵好了就开窖。开窖前应清除封窖的盖土、铺草等物,以防与青贮料混杂。开窖后应立即取样鉴定青贮料的质量,一般是采用感官鉴定,有条件的可进行实验室鉴定。

(二)取料方法

圆形窖自上而下逐层取料,随取随喂。取料量以当日喂完为准,以保持青贮料的新鲜,切勿多取。长型大窖(壕)从留有斜坡的一端开始(事前应修好道路),逐日分段取料,防止打洞掏心,以防长期暴露表面。不论从哪种设施中取料,每次取料后应随即盖严覆盖物(塑料布),防止青贮料二次发酵。如果中途停喂青贮料,时间间隔较长,必须按原来封窖方法将青贮窖(壕)盖好封严,做到不透气、不漏水。

(三)做好管理工作

在青贮饲料饲喂完之前的整个贮藏期间,要经常检查看护青贮设施的完好性,防止人畜践踏、破坏覆盖物、检查塑料膜是否被咬破,窖顶、壕墙是否有裂缝,排水沟排水是否畅通,以及监测青贮料质量有无变化等等。

第二节　秸秆微贮

一、秸秆微贮概述

(一)微贮饲料

秸秆微贮就是在作物秸秆中加入微生物活性菌种,放入一定的容器(窖、池、袋等)中,通过微生物对容器中秸秆的发酵作用,将秸秆中的纤维素、半纤维素降解并转化,使作物秸秆变成含有菌体蛋白、带有酒香酸味、家畜喜吃的粗饲料。利用微生物降解秸秆中的纤维素的关键是选出适当的菌种，并能控制其发酵过程。

(二)菌　种

据有关报道，国外有许多微贮效果很好的菌种。例如，牡蛎蘑菇真菌在麦秸上发酵36天，可降解木质素45%和纤维素55%，成为动物可消化的成分。又如，毛壳真菌和蜡状芽孢杆菌混合或毛壳真菌加上链真菌，分别可降解麦秆纤维54%，分解稻草纤维47.2%。再如，加拿大已从农家堆肥中分离出一种能直接分解利用麦秸、稻草和玉米秸等的真菌，可把这些秸秆变成营养价值很高的饲料——含蛋白质40%，含淀粉和脂肪30%，含木质素10%。EM（"有效微生物"的英文缩写）是日本琉球大学研制出的新型复合微生物菌剂，已在我国广西、福建、江苏和北京等10多个省、直辖市、自治区推广。据报道，用EM处理小麦秸和玉米秆饲喂牛羊的成本低，营养丰富，适口性好，牛羊不易患病，粪便无臭味。

我国也有不少研究成果，现介绍如下：

①利用中国科学院化工冶金研究所等筛选出的菌株发酵秸秆，可快速降解秸秆中的粗纤维，在秸秆纤维充分降解的基础上，再接入优选的酵母菌种进行二次发酵，这种"两步发酵工艺"制得的秸秆饲料产品蛋白质含量可达20%以上，粗纤维降解率在30%以上。

②山东农业大学饲养教研室的科研人员在把秸秆粉碎后，通过加入适量矿物质、氮肥和水分，接种担子菌，使其大量繁殖、生长，形成菌体蛋白，把一部分不能被家畜利用的纤维素物质转化成了营养价值较高的蛋白质。蛋白质含量可提高73.6%，粗纤维分解率达40.36%。

③山东莱阳农学院开发的"高等真菌优化麦秸饲料技术"，不仅可以使木质素与纤维素分离，使消化液和细菌酶降解纤维素，降低粗纤维含量，同时还能大幅度提高麦秸的粗蛋白、粗脂肪含量。

其粗蛋白质比原麦秸提高110%，粗脂肪提高95%以上，粗纤维降低10%以上。饲喂黄牛，两个月平均每头日增重681克，比原麦秸组高304克，比氨化麦秸组高216克。

④新疆乌鲁木齐海星农业科技应用推广服务站和深圳市联侨经济开发公司从国外引进生产的现代生物技术产品——海星牌秸秆发酵活干菌，已在新疆、山西等省、自治区推广应用了3年，取得了显著的经济效益和社会效益。

此外，还有中科院应用技术研究所研制的“DJ农作物秸秆生物发酵饲料”；中国科协专利技术研究所研制的“秸秆高效生物蛋白饲料”；武汉高校科技成果产业化中心推出的“高效能草秆生化饲料”等都在微生物处理秸秆方面取得了一定进展。

（三）秸秆微贮饲料的优点

1. 能提高秸秆的消化率和营养价值 秸秆在微贮过程中，由于高效复合菌的作用，纤维素类物质多被降解，并转化为乳酸和挥发性脂肪酸，加之所含的酶和其他生物活性物质的作用，提高了秸秆饲料的消化率和营养价值。如采用海星牌秸秆发酵活干菌微贮麦秸，干物质的消化率可提高43.77%，有机物质消化率提高29.4%，其代谢能为8.73兆焦/千克，消化能为9.84兆焦/千克，其总能几乎没有损失。生产实践证明，3千克微贮秸秆相当于1千克玉米的营养价值。

2. 适口性好，采食量高 由于发酵过程中高效活性菌种的作用，使粗硬秸秆变得柔软，并具有酸香味，家畜喜食，可提高采食量。一般可将采食速度提高43%，将采食量增加20%。长期饲喂，无毒害作用，安全可靠。

3. 原料广泛 麦秸、稻草、黄玉米秸、土豆秧、山芋秧、青玉米秸、无毒野草及青绿水生植物等，无论是干秸秆还是青秸秆都可用来制成优质微贮饲料。

4. 宜贮季节长，制作简便 适宜秸秆微贮的季节长，不与农业争劳力，不误农时。活干菌发酵处理秸秆的温度为 10℃～40℃，加之无论青的或干的秸秆都能发酵，因此在我国北方地区除冬季外，其他三季都可制作秸秆微贮饲料，南方广大地区全年都可制作秸秆微贮饲料，且制作技术简便，与饲料青贮相比，易学易懂，容易普及推广。

5. 成本低、效益高　每吨秸秆制成微贮饲料只需用 3 克秸秆发酵活干菌，而每吨秸秆氨化则需用 30～50 千克尿素。微贮饲料的成本仅为尿素氨化饲料的 20%。

6. 贮藏期长　秸秆发酵活干菌在秸秆中生长迅速，成酸作用强。由于挥发性脂肪酸中丙酸与醋酸的强力抑菌和杀菌作用，微贮饲料不易发霉腐败，因而能长期贮藏。此外，秸秆微贮饲料取用方便，可按需取喂，不需晾晒。

(四)秸秆微贮原理及其提高家畜生产性能的机理

微贮饲料中，由于加入高活性发酵菌种，能分解纤维素的菌数大幅度增加。发酵菌在适当的厌氧环境下，分解大量的纤维素和木质素，并将其转化为糖类，糖类又经有机酸发酵转化为乳酸、醋酸和丙酸，使 pH 值降至 4.5～5，加速了微贮饲料的生物化学作用，抑制了丁酸、腐败酸等有害菌的繁殖。

微贮饲料的含水量过多，会造成秸秆中的糖和胶状物浓度变稀，达不到产酸菌所要求的浓度，使产酸菌不能正常生长，导致饲料中有害菌生长迅速，饲料腐败变质。若含水量过少则秸秆不易被压实，使饲料中残留的空气过多，保证不了厌氧条件，也会造成产酸菌发酵不够而使有害菌种大量繁殖，造成饲料霉烂。微贮饲料的含水量一般为 60%～65%，最少不低于 55%。

秸秆发酵活干菌处理秸秆制作微贮饲料的原理，与反刍动物瘤胃的微生物发酵原理基本相似。在适宜条件下(水分含量适当、密闭缺氧)，秸秆经活干菌发酵后，转变为适口性好、消化率高的优质饲料。牛羊饲喂微贮饲料可提高瘤胃微生物区系以及纤维酶和解脂酶活性，秸秆消化率得到提高，并伴随采食量的增加（20%～40%），有机物消化量的提高，以及动物肌体能量代谢物质挥发性脂肪酸的增加，同时也意味着瘤胃微生物菌体蛋白合成的提高，增加了对动物肌体微生物蛋白的供应量。这就是微贮饲料提高反刍家畜生产性能的主要机制。

二、微贮饲料的制作

（一）菌液的配制

配制菌液之前，须将菌种复活。秸秆发酵活干菌 3 克，就可处理麦秸、稻草、玉米干秸秆 1 吨或青秸秆 2 吨。在处理秸秆前，先将 3 克菌剂倒入 200 毫升水中充分溶解，然后在常温下放置 1～2 小时，使菌种复活。复活好的菌剂一定要在当天用完，不可隔夜使用。

将复活的菌剂倒入充分溶解的浓度 0.8%～1%食盐水中拌匀，食盐、水、菌种用量的计算方法见表 8-15。

表 8-15　秸秆微贮时物质用量

秸秆种类	秸秆重量（千克）	秸秆发酵活干菌（克）	食盐用量（千克）	自来水用量（升）	贮料含水量（%）
稻麦秸秆	1000	3.0	9～12	1200～1400	60～70
黄玉米秸	1000	3.0	6－8	800～1000	60～70
青玉米秸	1000	1.5	—	适　量	60～70

（二）秸秆切碎

为了微贮秸秆易于压实和提高微贮容器（窖、池等）的利用率，保证微贮饲料的制作质量，微贮的秸秆一定要用铡草机或饲草切碎机切短。切出的碎段长度：养牛 5～8 厘米，养羊 2～3 厘米。

（三）微贮设施的准备

微贮可用水泥池、窖，也可用塑料袋。水泥池以水泥、黄沙、砖为原料，在地下砌成长方形池子，最好砌成两个相同大小的，以便交替使用。这种池的优点是不易进气进水，密封性好，经久耐用，成功率高。微贮窖要选在地势高、土质硬、向阳干燥、排水良好、地下水位低的地方，地下水位高的地方不宜采用。其优点是成本低、方法简单、贮量较大。窖的容量以家畜在1～2 个月能吃完为宜。如常年饲养牛羊，最好同时建 2～3 个窖交替使用。家庭养畜，微贮窖以深 2 米、宽 1.2 主、长 3.5 米为宜(图 8-8)。只养 1～2 头牛的农户，以塑料袋微贮为好。

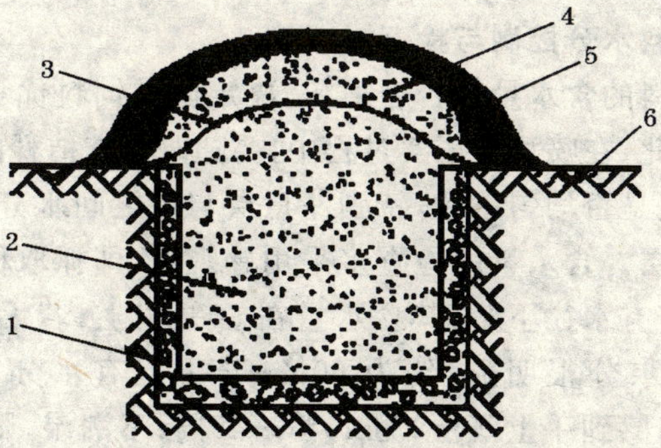

图 8-8　微贮窖贮料

1. 窖壁　2. 贮料　3. 塑料布

4. 废旧稻草或麦秸　5. 覆土 6. 排水沟

(四)喷洒菌液、添加营养物，装料入窖

将切碎的秸秆铺在窖底，底厚 20～25 厘米。根据营养需要加入 5%玉米粉、麸皮或大麦粉，把它均匀撒在料层上，再均匀喷洒菌液，压实后，再铺上20～25 厘米秸秆，撒粉料，再喷洒菌液，压实，如此反复，直至高于窖口 40 厘米再封顶。分层压实的目的是为了迅速排出秸秆空隙中存留的空气，为发酵繁殖创造厌氧条件。若当天微贮窖没有装满，可盖上塑料薄膜，第二天揭开塑料薄膜继续装填。

微贮秸秆含水量要求达到60%～65%。由于微贮秸秆本身含水量很低,需要补充含有菌剂的水。为此,需配备1套由水箱、水泵、水管和喷头组成的喷洒装置。水箱的容积以1 000～2 000升为宜,水泵最好选用潜水电泵,水管选用软管。家庭养畜,可用喷壶直接喷洒。

青玉米秸微贮时因本身含水量较高(一般在70%左右),微贮时不需补充过多的水分,只要求将配置好的菌剂水溶液均匀地喷洒在贮料上即可。这时可用小型背负式喷雾器喷洒。

(五)贮料水分控制与检查

微贮饲料的含水量是否合适,是决定微贮饲料优劣的重要条件之一。因此,在喷洒与压实过程中,要随时检查秸秆的含水量是否合适,各处是否均匀一致,特别注意层与层之间水分的衔接,不要出现夹干层。含水量的检查多采用感观法,即抓取秸秆试样用双手扭拧,若有水往下滴,其含水量在80%以上;若无水滴,松开后看到手上水分很明显,约为60%;若手上有水分(反光),为50%～55%;感到手上潮湿,为40%～45%;不潮湿,则在40%以下。微贮饲料要求含水量在60%～65%最为恰当,即以双手扭拧松开后,看到手上有明显水分为宜。

(六)封窖与收尾工作

当秸秆分层压实到高出窖口40厘米时,经充分压实后,在其最上面均匀撒上食盐粉,再压实后盖上塑料薄膜。食盐的用量为每平方米250克,其目的是确保微贮饲料上部不发生霉坏变质。盖上塑料薄膜后,在其上撒20～30厘米厚的秸秆并覆土15～20厘米,密封。以上措施的目的是为了隔断空气与秸秆的接触,确保微贮窖内呈厌氧状态。

秸秆微贮后,窖内贮料会慢慢下沉,应及时加盖土使之高出窖面,并在周围挖好排水沟,以防雨水渗入。

(七)开窖与贮藏

微贮饲料经过3～4周发酵后(冬季需要时间长些),就可开窖饲用。开窖后首先要检查微贮饲料质量(检验方法基本与青贮饲料相同)。取料时要从一角开始,从上到下逐段取用。每次取量应以当天能喂完为宜(开始少喂,让家畜有一个适应过程,以后逐渐增加饲喂量)。每次取料后必须立即将口封严,以免雨水浸入而引起微贮饲料变质。

在窖中微贮饲料饲喂完之前的整个贮藏期间,要经常看护和检查微贮设施(窖、池、塑料等)的完好性,检查塑料薄膜是否被鼠咬破,窖顶窖墙是否有裂缝,排水沟排水是否畅通,以及随时监测微贮饲料质量的变化情况等等。防止人畜践踏、损坏覆盖物。

第九章　青干草及其制品的贮藏

草原和种植牧草的利用方法，除放牧、青刈、青贮和微贮外，主要有干制。干制牧草产品形态多样，包括散干草、干草捆（有圆形和方形）、草粉、草块（饼）和草粉颗粒等。牧草干制主要是通过自然晾晒或人工热力干燥两种方式，我国主要通过前者获得干草，后者产品质量好（特别是高温快速干燥），但能源消耗大，成本高，国外采用较多。青干草的进一步加工主要是粉碎压制成颗粒或切碎压制成饼块。随着科技的进步和生产的发展，采用热力干燥和制成草粉或颗粒（饼块）的比例越来越大。

干制青牧草及其制品的目的，是在贮藏期间保持干草及其制品有较高的营养价值，降低微生物的分解作用，保证一年四季或丰年歉年干草的均衡供应。

第一节　干草和干草捆的贮藏

一、干草含水量的判定

干草含水量的多少对干草贮藏成功与否至关重要。当把牧草水分干燥（晾晒）至15%～18%时，即可进行贮藏。为了长期安全贮藏干草，在堆垛前，可用简便方法判定干草的含水量，以确定是否适于堆藏。经验判定方法如下。

①含水量15%～16%的干草，用手紧握发出沙沙声和破裂声（但叶片丰富的低矮牧草除外），将草搓拧或折曲时草茎易折断，拧成草辫松手后全部迅速散开，叶片干而卷。禾本科饲草的茎节干燥，呈深棕色或褐色。这样的干草最适合堆藏。

②含水量17%～18%的干草，握紧或搓揉时只有沙沙声而无干裂声，松手后干草束散开缓慢而不完全。叶卷曲，当弯折茎的上部时，放手后仍保持不断。这样的干草可以堆藏。

③含水量19%～20%的干草，紧握草束时，不发出清晰的声音，容易拧成紧实而柔韧的草辫，搓拧或弯曲而保持不断的，不适于堆垛贮藏。

④含水量23%～25%的干草在搓揉时没有沙沙声，搓揉成草束时不易散开，手插入干草有凉的感觉。这样的干草不能堆垛贮藏，有条件时，可堆放在干草棚或草库中通风继续干燥。

二、干草在贮藏过程中的变化

当干草含水量达到要求时，即可进行贮藏。干草贮藏10小时后，草堆开始发酵，温度逐渐上升。草堆内温度升高的主要原因是微生物的活动。干草贮藏后温度上升是普遍现象，即使调制良好的干草，贮藏后温度也会上升，常常可达44℃～55℃。适当的发酵，能使草堆自行紧实，增加干草香味，提高干草的饲用价值。

不够贮藏条件(水分过多)的干草，贮藏后温度逐渐上升，若温度超过适当界限，干草中的营养物质就会被大量消耗，使可消化率降低。干草中最有益的干草发酵菌在40℃时最活跃，温度上升到75℃后即被杀死。干草贮藏后的发酵作用，会将有机物分解为二氧化碳和水，而草垛中积存的水分过多会由细菌引起二次发酵作用，水分越多发酵作用越强。初次发酵使温度上升到56℃，二次发酵使温度上升到90℃，此时一切细菌都会被消灭或停止活动。细菌停止活动后，氧化作用继续进行，温度升高到130℃时干草焦化，颜色变褐；上升到150℃时，如有空气接触，会引起自燃而起火。若草堆中空气耗尽，则干草炭化，丧失饲用价值。

草垛中温度过高的现象往往出现在干草贮藏初期，在贮藏一周后，若发现草垛温度过高，应拆开草垛散温，将干草重新干燥。

草垛中温度升高引起的营养物质损失，主要是糖类分解为二氧化碳和水，其次是蛋白质分解为氨化物。温度越高，营养物质损失越大，可消化的营养物质越少。随着草垛温度的升高，干草颜色变得越深，牧草可消化率越低。

三、散干草贮藏

当牧草干燥至含水量为15%～18%时，即可进行堆藏。堆藏可由人工操作完成，也可以用悬挂式干草堆垛机或干草液压堆垛机完成。堆藏的垛形有长方形和圆形两种：长方形草垛一般宽4.5～5米，高6～6.5米，长不少于8米；圆形草垛一般直径为4～5米，高6～6.5米。为防止干草与地面接触而受潮变质，必须选择高而干燥的地方堆垛。草垛的下层用树干、稿秆或砖块等作底，厚度不少于20厘米。垛底周围挖排水沟，沟深20～30厘米，沟底宽20厘米，沟上宽40厘米。长方形垛从两端开始，垛草时要始终保持中部隆起高于周边，以便排水。堆垛过程中要一层一层地堆草，一层一层地压实干草，特别是草垛的中部和顶部。从草垛全高的1/2或2/3处开始逐渐放宽，使各边宽于垛底0.5米，以利于排走雨水和减轻其对草垛的漏湿。为了减少风雨损害，长方形垛长的方向必须对准主风方向，水分较高的干草堆放在草垛四周靠边处，便于干燥和散热。气候潮湿的地区，垛顶应较尖；干旱地区，垛顶坡度可稍缓。垛顶可用劣质草铺盖压实，最后用树干等重物压住或用绳索捆紧，预防风害。

散干草的堆藏虽然经济节省，但易受雨淋、日晒、风吹等气候的影响，使干草褪色，不仅损失营养成分，还会造成干草霉烂变质。资料表明，干草露天堆藏，营养损失最多在20%～30%，胡萝卜素损失在50%以上。在长方形垛贮藏一年后，周围变质损失的干草，在草垛侧面厚度为10厘米，垛顶为25厘米，基部为50厘米。可见侧面所受损失为最小，因此应适当增加草垛的高度，以减少干

草堆藏中的损失。

四、打捆干草贮藏

目前国内外打捆机主要有两类:捡拾打捆机和固定式高密度二次打捆机。

捡拾打捆机在田间捡拾已割下晾晒的干草条,边捡拾边压成草捆。按草捆形状可分为方草捆机和圆草捆机,较普遍的方草捆大小为 356 毫米×458 毫米×(813～915)毫米,草捆的密度为 160～300 千克/米^3,这些小草捆使用方便,易于搬运,由机械或人工饲喂均可。圆草捆的尺寸为:长 100～170 厘米,直径 100～180 厘米,草捆的密度为 110～250 千克/米^3。大圆草捆的质量最大可达 850 千克,常见质量为 600 千克。大圆草捆能够抵御不良气候的侵害,但不宜作远距离运输。

二次高密度打捆机固定作业,是将中等密度的方捆或捡拾压捆机制成的成捆苜蓿进行二次压捆。二次压捆机的草捆密度由原来的 150～180 千克/米^3,提高到 320～380 千克/米^3 或更高,从而缩小了方捆的体积,减少了贮藏空间,便于商品草捆的流通和运输成本的降低。

(一)干草捆一般贮藏

干草捆体积小,密度大,便于贮藏,一般采用露天堆垛,顶部加防护层或贮藏于草棚中。草垛的大小一般为长 20 米,宽 5～5.5 米,高 18～20 层的干草捆。底层草捆应用干草捆的宽面相互挤紧,窄面向上,整齐铺平,不留通风道或任何空隙。其余各层堆平(窄面在侧,宽面在上下)。为了使草捆位置稳固,上层草捆之间的接缝应和下层草捆之间的接缝错开。从第二层草捆开始,可在每层设置数个 25～30 厘米的通风道,在双数层开纵向通风道,而在单数层开横向通风道,通风道数目可根据草捆的水分含量而定。干草捆一直堆到 8 层高,第九层为“遮檐层”,此层的边缘突出于 8

层之外，作为遮檐，第十、第十一、第十二……层往里缩小成阶梯状堆置，每一层的干草纵面比下一层缩进 2/3 或 1/3 捆长，这样就可堆成带檐的双斜面垛顶，垛顶共需堆置 9～10 层草捆。垛顶用草帘或其他遮雨物覆盖。干草捆堆藏及其覆盖见图 9-1。干草捆除露天堆垛贮藏外，还可以贮藏在专用的仓库或干草棚内，简单的干草棚只设支柱和顶棚，四周无墙，成本低。干草棚贮藏可减少干草营养物质的损失，在干草棚内贮藏干草，营养损失 1%～2%，胡萝卜素损失 18%～19%。

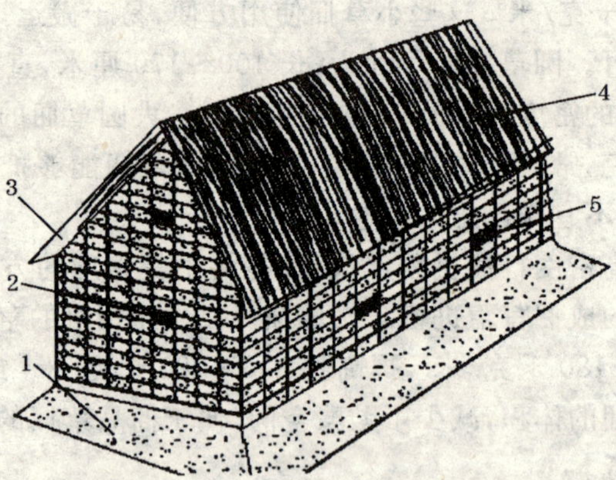

图 9-1　干草捆堆藏及其覆盖

1. 垛基　2. 纵向通风道　3. 伸出遮檐

4. 覆盖草帘　5. 横向通风道

(二)干草捆添加剂贮藏

在潮湿地区、雨季或调制叶片易脱落的豆科牧草时，为了适时刈割牧草，加工成优质干草，可在半干时进行贮藏。这样可缩短牧草的干燥期，避免低水分牧草在打捆时叶片脱落。半干牧草贮藏时要加入防腐剂，以抑制微生物的繁殖，防止牧草发霉变质。贮藏半干草选用的防腐剂应对家畜无毒，具有轻微的挥发性，且要在半干草中分布均匀。

1. 添加氨水　氨和铵类化合物能控制高水分干草在贮藏过程中的微生物活动。氨已被成功地用于高水分干草的贮藏。牧草适时刈割后，在田间短期晾晒，当含水量在35%～40%时即可打捆，并加入浓度为25%的氨水，堆垛后用塑料薄膜覆盖密封。氨水用量是干草重的1%～3%，处理时间根据温度不同而异，一般在25℃时，至少处理21天。用氨水处理半干豆科牧草后，可减少营养物质损失，与通风干燥相比，粗蛋白质提高8%～10%，胡萝卜素提高30%，干草消化率提高10%。用3%的无水氨处理含水量40%的多年生黑麦草，贮藏20天后其体外消化率为65.1%，而未处理者为56.1%。

2. 添加尿素　高水分干草上存有足够的脲酶，喷洒在半干草上的尿素通过脲酶作用迅速分解为氨。添加尿素的草捆与不添加的相比减少了一半真菌，降低了草捆的温度，提高了牧草的消化率和适口性。在禾本科牧草中添加尿素，贮藏8周后，与对照相比，消化率从49.5%提高到58.3%，贮藏16周后干物质损失率减少6.6%。用尿素处理含水量高(25%～30%)的紫花苜蓿干草，四个月后无真菌发生，草捆温度降低，消化率较对照组高，木质素、纤维素含量均较对照组低。用尿素处理紫花苜蓿时，每吨紫花苜蓿干草用尿素40千克。

3. 添加有机酸　丙酸、醋酸等有机酸具有阻止高水分干草表面真菌活动和降低草捆温度的作用，能有效防止高水分(25%～30%)干草的发霉和变质，减少贮藏过程中营养物质的损失。含水量20%～25%的小方捆，其有机酸的添加量应为0.5%～1.0%；含水量25%～30%的小方草捆，有机酸的添加量不低于1.5%。资料表明，打捆前含水量30%的紫花苜蓿半干草，每100千克喷洒0.5千克丙酸处理，与含水量25%的未添加丙酸的半干草相比，粗蛋白质含量高出20%～25%，并且获得了较好的色泽、气味

(芳香)和适口性。

4. 添加微生物防腐剂 从国外引进的先锋1155号微生物，是从天然抵抗发热和真菌的高水分苜蓿干草上分离出来的短小芽孢杆菌菌株。它是专用于紫花苜蓿半干草的微生物防腐剂。在空气存在条件下，该菌能有效地与干草捆中的其他腐败微生物竞争，从而抑制其他腐败细菌的活动。先锋1155号微生物防腐剂在含水量为25%的小方草捆和含水量为2%的大圆草捆中使用，效果明显，其家畜消化率和增重都优于对照组。

五、干草贮藏中的注意事项

为保证垛藏干草的品质和避免损失，对贮藏的干草要指定专人经常检查和管理。

(一)防止垛顶塌陷漏雨

干草堆垛2～3周后，垛顶经常发生塌陷现象，尤其是一次性打捆的松散草捆。因此，要经常检查，及时修整，避免雨、雪带来的损失。

(二)防止垛基受潮

草垛应选择地势高且干燥的场地，垛底应避免与泥土接触，要用树枝、石砾等垫起铺平，高出地面40～50厘米。垛底四周要挖一深20～30厘米、底宽20厘米、沟口宽40厘米的排水沟。

(三)防止干草过度发酵和自燃

在干草堆垛后，影响干草质量变化的主要因素是含水量。凡含水量在17%以上的干草，由于植物体内酶及外部微生物的活动会引起发酵，使温度升至40℃～50℃。当然，适度的发酵可使草垛紧实，并使干草产生特有的芳香味，有利于干草品质的提高。但若发酵过度，则可导致干草品质下降。实践表明，当干草水分含量降到20%以下时，一般不至于发生发酵过度的危险。若堆垛时干草水分在20%以上，则应设通风道，继续干燥。

用含水量较高的干草堆垛，前期发酵过热，温度达到 60℃以上时微生物即停止活动，但氧化作用仍在继续进行。当温度上升至 150℃左右时，干草一旦接触新鲜空气即可引起自燃，这种情况一般发生在贮藏后 30～40 天。因此，如果堆贮的干草含水量超过 25%时，就有自燃的危险。当发现垛温上升到 65℃时，应立即倒垛或穿垛降温（用一根适当粗细和长短的直木棍，前端削尖，在草垛的适当部位打几个通风孔降温）。

第二节　草粉的贮藏

牧草草粉粒度细小，比表面积（表面积与体积之比）大，与空气接触面积大。因此，在贮藏时，一方面营养物质易于氧化分解而造成损失；另一方面容易吸湿而结块，适合微生物及虫害的侵染和繁殖，严重时将导致发热变质、变色、变味，丧失饲用价值。因此，贮藏牧草草粉时必须采取相应的技术措施，尽量减少蛋白质和维生素等营养物质的损失。此外，草粉的容重很小，仅 0.18～0.20 吨/米^3，增加了贮运的费用。可见，草粉的贮运是草粉利用和销售中的难题之一。

一、草粉的贮藏方法

（一）低温密闭贮藏

牧草草粉营养价值的主要指标是蛋白质和维生素的含量。因此，牧草草粉贮藏期间的主要任务是为它们创造良好条件，保持其生物活性物质的稳定性，减少分解损失。实践表明，只有在低温密闭条件下，才能大大减少牧草草粉中维生素、蛋白质等营养物质的损失。我国北方寒冷地区，可利用自然条件进行低温密闭贮藏。南方地区可人工创造条件进行低温密闭贮藏。用纸袋或塑料编织袋包装草粉，并在黑暗、干燥而且凉爽的仓内贮藏，可减少贮藏中营养物质的损失。但即便如此，损失也不小，例如，新生产的优质干草粉装入三层纸袋中贮藏 9 个月，胡萝卜素将损失 65%，蛋白质损失 1.6%～15.7%。

(二)低温低含水量贮藏

牧草草粉安全贮藏的含水量在 13%～14%时，要求温度在 15℃以下；含水量在 15%左右时，相应的温度应在 10℃以下。

(三)将草粉压制成颗粒

将草粉压制成颗粒，可使草粉容重由 0.18～0.2 吨/米^3 提高到颗粒容重 0.55～0.65 吨/米^3，比表面积也大大降低，体积减少 1/3～2/3，为贮藏和运输创造了良好条件。如上述同样优质草粉，压制成草粉颗粒，并在压制颗粒时添加抗氧化剂，同样贮藏 9 个月后胡萝卜素只损失 6.6%，蛋白质只损失 0.35%，大大减少了贮藏期营养物质的损失。

(四)其他贮藏法

1. 利用密闭容器换气贮藏 在密闭的容器内，调节气体组成成分，创造良好的贮藏环境。将干草粉置于密闭容器内，借助气体发生器和供气管道系统，把容器内的空气改变为下列成分：氮气 85%～89%、二氧化碳 10%～12%、氧气 1%～3%。在此环境条件下贮藏干草粉，可大大减少营养物质的损失。

2. 添加抗氧化剂和防腐剂 草粉中所含的维生素、脂肪等物质均会在贮藏过程中因氧化而变质，不仅影响草粉的适口性，还会降低草粉的质量，甚至丧失饲用价值。在牧草草粉中添加抗氧化剂和防腐剂，可防止草粉的变质。常用的抗氧化剂有乙氧喹、丁羟甲苯，防腐剂有丙酸钙、丙酸铜、丙酸等。

二、草粉贮藏的注意事项

(一)草粉库的要求

贮藏草粉的库房，可因地制宜，就地取材。但应保持干燥、凉爽、避光、通风，注意防火、防潮、灭鼠及避免酸、碱、农药的污染。

(二)草粉包装和堆放的要求

贮藏草粉的包装袋以坚固的麻袋或编织袋为好。要特别注意贮存环境的通风，以防吸潮。一般在库房内堆放袋装草粉时，按两袋一行的排放形式，堆码成为高度 2 米的长方形垛。单件包装重量以 50 千克为宜，以便人力搬运和饲喂。

参考文献

1. 程传秀．贮粮新技术教程．北京:中国商业出版社,2001

2. 谷文英．配合饲料工艺学．北京:中国轻工出版社,1999

3. 刘兆风,沈尧烈．粮食仓贮设备．北京:机械工业出版社,2002

4. 路茜玉．粮油贮藏学．北京:中国财政经济出版社,2004

5. 王若兰．粮食仓贮工艺与设备．北京:中国财政经济出版社,2002

6. 王柱等．牧草加工、贮藏与利用．北京:化学工业出版社,2004

7. 邢廷铣．农作物秸秆饲料加工与应用．北京:金盾出版社,2005

8. 姚维祯．畜牧业机械化．北京:中国农业出版社,1997

9. 中国农业年鉴编辑委员会．中国农业年鉴(2006)

10. 中国饲料工业协会等．饲料工业标准汇编(上、下册)．北京:中国标准出版社,2002

11. 中华人民共和国农业部．中国农业统计资料(2005)

12. 柏九菊．玉米贮藏实用技术及贮藏品质分析．粮食加工,2005(5)

13. 曹毅等．大豆安全贮藏技术综述．粮食贮藏,2005(3)

14. 陈明等．南方玉米贮藏实践与探讨．粮食贮藏,2005(1)

15. 刁其玉,国春艳．提高粗饲料利用的途径．粮食与饲料工业,2005(10)

16. 丁斌鹏．霉变豆粕氢氧化钾溶解度变化规律．粮食与饲料工业,2001(6)

17. 季青跃等．高水分玉米贮藏试验．粮油食品科技,2006(2)

18. 兰光明．谈谈菜粕的贮藏技术．饲料工业,1995(8)

19. 林文剑等．磷化铝间隙熏蒸治鱼粉螨类．粮食贮藏,1994(6)

20. 李中满等．农作物秸秆饲料青贮技术．农业科技通讯,2002(10)

21. 刘纯仁．鱼粉的科学贮藏方法．四川畜禽,1997(1)

22. 单洪涛等．秸秆饲料化技术的研究进展．中国饲料,2007(4)

23. 孙静．对大豆粕的蛋白质溶解比率的探讨．黑龙江粮油科技,2002(2)

24. 孙鹏举．制作青贮饲料的关键措施．中国饲料,2003(11)

25. 孙汝增．对鱼粉耐贮性的初探．水产科学,1993(6)

26. 唐建忠,石光斌．谷物冷却机回风低温贮粮试验．粮油仓贮科技通讯,2002(4)

27. 唐礼安等．豆粕“双低”贮藏的应用试验．江西饲料,2000(1)

28. 王威,吕岗．低温空调技术的新应用．低温建筑技术,2001(2)

29. 谢宏．饲料的贮藏及精饲料贮藏性的改善．饲料工业,2003(4)

30. 叶元士．鱼粉质量控制及在饲料中的应用．饲料工业,2007(8)

31. 杨永拓,王火杨．南方立筒库散贮玉米安全度夏技术应用初探．粮食流通技术,2000(3)

32. 张涛等．草产品及其加工工艺．饲料博览,2004(11)

33. 张柱国．干草加工调制意义与技术．饲料博览,2005(9)